KB172657

과학공화국
생물 법정

9
해양생물

과학공화국 생물법정 9
해양생물

ⓒ 정완상, 2008

초판 1쇄 발행일 | 2008년 2월 5일
초판 18쇄 발행일 | 2023년 10월 16일

지은이 | 정완상
펴낸이 | 정은영
펴낸곳 | (주)자음과모음

출판등록 | 2001년 11월 28일 제2001-000259호
주소 | 10881 경기도 파주시 회동길 325-20
전화 | 편집부 (02)324-2347, 경영지원부 (02)325-6047
팩스 | 편집부 (02)324-2348, 경영지원부 (02)2648-1311
e-mail | jamoteen@jamobook.com

ISBN 978-89-544-1473-9 (04470)

과학공화국 생물법정

생물법정

9
해양생물

정완상(국립 경상대학교 교수) 지음

㈜자음과모음

생활 속에서 배우는 기상천외한 과학 수업

생물과 법정, 이 두 가지는 전혀 어울리지 않는 소재들입니다. 그리고 여러분에게 제일 어렵게 느껴지는 말들이기도 하지요. 그런데도 이 책의 제목에는 '생물법정'이라는 말이 들어 있습니다. 그렇다고 이 책의 내용이 아주 어려울 거라고 생각하지는 마세요.

저는 법률과는 무관한 과학을 공부하는 사람입니다. 하지만 '법정'이라고 제목을 붙인 데에는 나름의 이유가 있습니다.

이 책은 우리 생활 속에서 일어나는 여러 가지 재미있는 사건을 다루고 있습니다. 그리고 과학적인 원리를 이용해 사건들을 차근차근 해결해 나가지요. 그런데 크고 작은 사건들의 옳고 그름을 판단하기 위한 무대가 필요했습니다. 바로 그 무대로 법정이 생겨나게 되었지요.

왜 하필 법정이냐고요? 요즘에는 〈솔로몬의 선택〉을 비롯하여 생활 속에서 일어나는 사건들을 법률을 통해 재미있게 풀어 보는 텔레비전 프로그램들이 많은데 그 프로그램들이 독자 분들께 재미있게 여겨질 거라고 생각했기 때문이지요. 사건에 등장하는 인물들이 우스꽝스럽고, 사건을 해결하는 과정도 흥미진진하고 말입니다. 〈솔로몬의 선택〉이 법률 상식을 쉽고 재미있게 얘기하듯이, 이 책은 여러분의 생물 공부를 쉽고 재미있게 해 줄 것입니다.

여러분은 이 책을 읽고 나서 자신의 달라진 모습에 놀랄 겁니다. 과학에 대한 두려움이 싹 가시고, 새로운 문제에 대해 과학적인 호기심을 보이게 될 테니까요. 물론 여러분의 과학 성적도 쑥쑥 올라가겠죠.

끝으로 이 책을 쓰는 데 도움을 준 (주)자음과모음의 강병철 사장님과 모든 식구들에게 감사를 드리며 주말도 없이 함께 일해 준 과학 창작 동아리 SCICOM 식구들에게 감사를 드립니다.

진주에서

정완상

목차

판사

생치변호사

비오변호사

생물법정의 탄생

태양계의 세 번째 행성인 지구에 과학공화국이라고 부르는 나라가 있었다. 이 나라는 과학을 좋아하는 사람이 모여 살았고 인근에는 음악을 사랑하는 사람들이 살고 있는 뮤지오 왕국과 미술을 사랑하는 사람들이 사는 아티오 왕국, 그리고 공업을 장려하는 공업공화국 등 여러 나라가 있었다.

과학공화국은 다른 나라 사람들에 비해 과학을 좋아했지만 과학의 범위가 넓어 어떤 사람은 물리를 좋아하는 반면 또 어떤 사람은 생물을 좋아하기도 했다.

특히 다른 모든 과학 중에서 주위의 동물과 식물을 관찰할 수 있는 생물의 경우 과학공화국의 명성에 맞지 않게 국민들의 수준이 그리 높은 편이 아니었다. 그리하여 농업공화국의 아이들과 과학공화국의 아이들이 생물 시험을 치르면 오히려 농업공화국 아이들의 점수가 더 높을 정도였다.

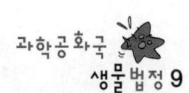

특히 최근 인터넷이 공화국 전체에 퍼지면서 게임에 중독된 과학공화국 아이들의 생물 실력은 평균 이하로 떨어졌다. 그것은 직접 동식물을 기르지 않고 인터넷을 통해 동식물의 모습만 보기 때문이었다. 그러다 보니 생물 과외나 학원이 성행하게 되었고 그런 와중에 아이들에게 엉터리 내용을 가르치는 무자격 교사들도 우후죽순 나타나기 시작했다.

생물은 일상생활의 여러 문제에서 만나게 되는데 과학공화국 국민들의 생물에 대한 이해가 떨어지면서 곳곳에서 분쟁이 끊이지 않았다. 그리하여 과학공화국의 박과학 대통령은 장관들과 이 문제를 논의하기 위해 회의를 열었다.

"최근의 생물 분쟁을 어떻게 처리하면 좋겠소?"

대통령이 힘없이 말을 꺼냈다.

"헌법에 생물 부분을 좀 추가하면 어떨까요?"

법무부 장관이 자신 있게 말했다.

"좀 약하지 않을까?"

대통령이 못마땅한 듯이 대답했다.

"그럼 생물학으로 판결을 내리는 새로운 법정을 만들면 어떨까요?"

생물부 장관이 말했다.

"바로 그거야. 과학공화국답게 그런 법정이 있어야지. 그래, 생물 법정을 만들면 되는 거야. 그리고 그 법정에서의 판례들을 신문에 게재하면 사람들이 더 이상 다투지 않고 자신의 잘못을 인정할 거야."

대통령은 미소를 환하게 지으면서 흡족해했다.

"그럼 국회에서 새로운 생물법을 만들어야 하지 않습니까?"

법무부 장관이 약간 불만족스러운 듯한 표정으로 말했다.

"생물은 우리가 직접 일상 곳곳에서 관찰할 수 있습니다. 누가 관찰하든 같은 구조를 보게 되는 것이 생물이죠. 그러므로 생물 법정에서는 새로운 법을 만들 필요가 없습니다. 혹시 새로운 생물 이론이 나온다면 모를까……."

생물부 장관이 법무부 장관의 말을 반박했다.

"그래 나도 생물을 좋아하지만 생물의 구조는 참 신비해."

대통령은 생물 법정을 벌써 확정 짓는 것 같았다. 이렇게 해서 과학공화국에는 생물학적으로 판결하는 생물 법정이 만들어지게 되었다.

초대 생물 법정의 판사는 생물에 대한 책을 많이 쓴 생물짱 박사가 맡게 되었다. 그리고 두 명의 변호사를 선발했는데 한 사람은 생물학과를 졸업했지만 생물에 대해 그리 깊게 알지 못하는 생치라는 이름을 가진 40대였고 다른 한 변호사는 어릴 때부터 생물 박사 소리를 듣던 생물학 천재인 비오였다.

이렇게 해서 과학공화국의 사람들 사이에서 벌어지는 생물과 관련된 많은 사건들이 생물 법정의 판결을 통해 깨끗하게 마무리될 수 있었다.

제1장

극피동물에 관한 사건

팔 잘린 불가사리

불가사리는 팔이 잘려도 다시 새 팔이 나올까요?

"별이 쏟아지는 해변으로 가요~ 해변으로 가요~ 젊음이 넘치는 해변으로 가요~ 땅땅땅~."

기분 좋게 노래가 울려 퍼지는 이곳은 학교 구석 벤치였다. 기타를 치며 노래를 부르는 사람들은 '하늘땅별땅' 동아리 모임 사람들이다. 별을 사랑하는 대학생들이 모여서 자체적으로 만든 신규 동아리였다. 개설된 지 얼마 안 되었기 때문에 아직 동아리방을 확보하진 못했지만 어엿하게 회장, 부회장까지 있는 동아리였다. 문제가 있다면 '하늘땅별땅' 회원은 회장, 부회장, 총무 이렇게 세 사람 뿐이라는 것이었다.

"어이, 총무! 노래 불러서 목이 칼칼한데 사이다 2병만 사 와."

"부회장님, 너무한 것 아닙니까? 왜 매일 저한테만 심부름시키세요? 제가 심부름하려고 이 동아리 들어온 줄 아세요? 저는 별을 사랑해서, 별이 좋아서 왔는데 허구한 날 왜 심부름만 시킵니까?"

"그럼 회장, 부회장이 직접 가리? 얼른 사이다 2병 사 와!"

"알겠어요. 앗, 그런데 왜 2병입니까? 회장님, 부회장님 입만 입이고 제 입은 뭐 장식품입니까?"

"알았어. 총무 자식이 툴툴대기는. 그럼 3병 사 와! 여기 돈 가져가."

"예. 히히."

총무인 콩돌이는 매점에 가서 사이다 세 병을 사며 구시렁거렸다.

"3명뿐인 동아리에 회장, 부회장이 어디 있다고 저 유세야? 정말 아니꼬워서."

그때였다.

"어머, 선배! 방학인데 집에 안 가고 뭐하세요?"

"어? 누구?"

"저 모르시겠어요? 저번 학기에 같이 영어 스터디 했던 미란이잖아요. 호호."

"아, 미란이구나. 이거 몰라보게 예뻐졌는걸? 난 요새 동아리 때문에 학교에 계속 나오고 있어. 미란이는 무슨 동아리니?"

"동아리요? 전 아직 아무 곳도 가입 안 했어요. 선배는 무슨 동아리인데요?"

"이 선배는 별을 아주 사랑하는 사나이라서 '하늘땅별땅' 동아리야. 후후. 내가 거기 총무란다. 임원진이란 말씀이지!"

"와! 선배가 그런 것도 하세요? 별이라, 너무 낭만적이고 멋있네요. 아, 저도 제 친구들이랑 같이 동아리 들어도 될까요?"

"친구? 친구 몇 명?"

"제 제일 친한 친구들이 10명 정도 되니까 다 같이 들게요. 호호."

"와, 정말? 자자, 여기 사이다 3병 있으니까 우리 미란이 들고 가서 다 마셔. 얼른."

콩돌이는 사이다 3병을 미란이에게 넘겨주곤 부리나케 벤치로 뛰어갔다.

"총무, 왜 네 손에 사이다가 없냐?"

"회장! 지금 그게 문제가 아니에요. 우리 동아리에 후배가 가입한대요. 그것도 후배 친구들까지 합쳐서 11명 정도 한꺼번에 가입할 것 같아요!!"

"뭐? 그게 정말이야? 우와, 콩돌이 대단한걸. 동아리 회원이 10명 이상이면 동아리 방도 신청할 수 있어! 걔들만 우리 동아리에 들어온다면 콩돌이 네가 부회장이다."

"아자~ 히히, 조만간 내가 부회장이겠군. 히히."

그 말에 부회장의 얼굴이 일그러졌다.

다음 날, 미란이는 친구 10명을 데리고 콩돌이를 찾아왔다.

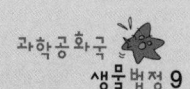

"저기, 동아리방이 지금 청소 중이라서 오늘은 동아리 방에서 모임을 못 갖고 다음 주부터 동아리 방에서 모임을 가질 거야. 그럼 '하늘땅별땅' 회원 신청서를 다들 좀 적어 줄래?"

콩돌이는 그렇게 11장의 신청서를 가지고 방방 뛰며 회장과 함께 동아리 방을 신청했다.

"회원이 10명 이상이시네요. 알겠습니다. 동쪽 운동장 옆에 있는 동아리 방을 쓰시면 됩니다."

"아자! 히히."

콩돌이와 회장은 새로 얻게 된 동아리방으로 후다닥 뛰어가 텀블링을 하며 좋아했다.

"근데 회장, 왜 부회장이 안 보여요? 아, 오늘부터 제가 부회장이죠? 히히."

"부회장이 우리를 배신하고 '달님뿐이야' 동아리로 가 버렸다. 이젠 우리 둘뿐이야. 잘해보자꾸나. 콩돌아."

"뭐라고요??"

콩돌이는 기가 막혔지만 자기가 미란이와 미란이 친구들까지 끌어다 놓은 상태라 책임지지 않을 수 없었다.

"회장, 며칠 뒤에 미란이랑 미란이 친구들이 동아리 방으로 올 텐데 방이 너무 허전하지 않아요?"

"하긴, 그렇긴 해. 하지만 망원경 같은 도구를 사다 놓으려니 이거 원 재정이 달려서."

콩돌이는 곰곰이 생각에 잠겼다.

"회장, 우리 불가사리를 동아리 방에서 키우는 게 어때요? 불가사리는 별 모양이니까 그걸 우리 동아리의 마스코트로 하면 되잖아요. 애들도 너무 신기해 할 것 같은데."

"오, 콩돌아. 너무 좋은 생각이야. 왜 내가 너를 진작에 알아보지 못하고 그 배신자에게 부회장 자리를 주었을꼬. 내가 내일 학교 오는 길에 불가사리를 사 오마."

다음 날 회장은 어항에 불가사리를 담아 왔다. 콩돌이는 자기가 의견을 냈지만 실제로 불가사리를 보니 예쁘고 신기해서 어항 곁을 떠날 수가 없었다.

"회장, 불가사리는 참 예쁘고 신기한 것 같아요. 우리 손바닥 같기도 하고, 별 같기도 하고. 바다 생물은 참 신비로워요."

"뭐? 설마 너마저 나를 두고 바다 생물 동아리로 가는 거 아냐?"

"하하. 우리 회장은 농담도 잘해."

한참동안 신기한 듯 불가사리를 보고 있던 콩돌이는 갑자기 소리를 질렀다.

"으악, 회장! 큰일 났어요. 불량 불가사리를 사 왔나 봐요. 불가사리 팔이 잘려 나갔어요."

"뭐? 어디 보자. 으악! 진짜네. 내가 학생이라고 불량품을 팔다니. 콩돌아, 나를 따르라."

회장과 콩돌이는 당장 불가사리를 샀던 가게로 뛰어 갔다. 그리

고 가게로 들어가 다짜고짜 주인에게 따졌다.

"이봐요! 가짜 불가사리를 팔면 어떡합니까? 팔이 잘렸잖아요. 우리가 얼마나 놀랐는지 아세요? 당장 다른 불가사리로 바꿔 주세요."

"아, 그건 팔이 또 날 겁니다."

"뭐라고요? 아니, 팔이 잘렸는데 무슨 팔이 또 나요? 당신 팔은 잘리면 다시 생깁니까? 이 아저씨 웃기는 아저씨네. 당장 새 불가사리로 바꿔 주지 않으면 고소 할 겁니다."

회장과 콩돌이는 아저씨가 거짓말을 한다고 생각해서 생물법정에 불가사리 가게 아저씨를 고소하였다.

불가사리는 극피동물의 일종으로 재생력이 아주 강해서 팔이나 신체의 일부가 잘려 나가도 곧 새로운 팔이 생겨난답니다.

과학공화국
생물법정 9

여기는 생물법정

팔이 잘린 불가사리에게서
또 팔이 자랄 수 있을까요?
생물법정에서 알아봅시다.

 재판을 시작합니다. 원고 측 변론하세요.

 피고는 팔이 잘린 불가사리를 팔지 않았나요?

 만약 처음부터 팔이 잘린 불가사리를 팔
려고 했다면, 피고는 잘린 것을 보고 사지 않았겠지요. 안 그
렇습니까?

으흠, 우리는 물건을 사기도 하지만, 산 물건을 바꾸거나 고
치기도 합니다. 우리 원고가 피고의 가게에서 불가사리를 사
고, 나중에 불가사리의 팔이 잘린 것을 보고 바꿔 달라고 했
습니다. 그것은 물건을 구입한 손님으로써 주인에게 요구할
수 있는 사항이지 않습니까? 그러므로 피고는 저희 원고에게
불가사리를 바꾸어 주어야 할 책임이 있습니다.

 피고 측 변론하세요.

 저희 피고 측은 불가사리 전문가이신 별 박사님을 증인으로
요청합니다.

피부가 검붉고, 비쩍 마른 30대 후반의 남성이 증인
석에 앉았다.

실례지만, 증인이 하는 일은 무엇입니까?

 불가사리 이용에 관한 연구를 하고 있습니다.

 그럼, 불가사리에 대해 많이 알고 계시겠군요. 불가사리에 대해 짧게 설명해 주시겠습니까?

 불가사리는 이름 그대로 쉽게 죽일 수 없는 동물입니다. 그렇기 때문에 불가사리의 수는 매년 급증하고 있지요. 스쿠버 다이버나 해녀들은 불가사리를 잡은 후 땅 위에서 말려 죽입니다. 그런데 불가사리는 썩으면 지독한 냄새가 나서 주위 사람들이 고생을 하지요. 그래서 불가사리를 식용으로 이용하는 것을 연구하고 있습니다.

 네, 말씀 잘 들었습니다. 박사님, 이번 사건에서 불가사리의 팔이 잘렸는데, 저희 피고인이 불가사리의 팔이 다시 자란다고 하였습니다. 정말 불가사리의 팔이 잘리면 다시 자라나요?

 불가사리는 극피동물입니다.

 극피동물이 뭐죠?

 뼈가 없고 몸에 가시 같은 돌기들이 나있는 동물을 말합니다. 극피동물은 재생력이 아주 강하지요. 그래서 팔이나 신체의 일부가 잘려 나가면 팔이 잘린 원래의 몸에는 새로운 팔이 생겨나고, 잘려나간 팔은 또 하나의 불가사리가 됩니다.

 한 마리가 두 마리가 되는군요.

 그렇습니다.

감사합니다. 우리는 증인의 말로부터 불가사리의 팔이 잘려 나가도 다시 팔이 나온다는 사실을 알게 되었습니다. 존경하는 재판장님, 원고는 불가사리를 사간 후 나중에서야 불가사리 팔이 잘렸다며 피고에게 찾아왔습니다. 또한 불가사리는 재생력이 뛰어난 동물로 팔이 잘려 나가도 다시 팔을 만들어냅니다. 불가사리를 사 간 원고가 앞으로 잘 키운다면 불가사리의 팔이 잘리는 일은 앞으로 일어나지 않겠지요?

판결합니다. 이번 사건으로 극피동물인 불가사리의 신비로움에 대해서 알 수 있었습니다. 피고는 손님들에게 이에 관한 설명을 해 줄 것, 원고는 불가사리를 잘 관리하며 키워갈 것을 당부하며 이번 사건을 마무리하겠습니다.

재판이 끝난 후, 콩돌이는 가짜 불가사리를 팔았다고 화를 낸 것에 대해 불가사리 가게 아저씨에게 사과를 했다. 그 후 불가사리는 다시 팔을 만들어내 온전한 불가사리가 되었고, '하늘땅별땅'의 마스코트 역할을 톡톡히 해냈다고 한다.

우리나라의 불가사리

불가사리는 우리나라에 100여 종이 살고 있다. 우리나라에서 흔히 보이는 불가사리로는 별불가사리, 아무르불가사리, 거미불가사리, 빨강불가사리 등이 있다.

여름에도 해삼이 있나요?

여름에 해삼을 구하기 힘든 이유가 무엇일까요?

"얘, 순자야. 나 어제 돈남우 씨한테 프러포즈 받았어. 호호."

"어머, 정말? 돈남우 씨면 우리 마을에서 손꼽히는 부자잖아. 너 매일매일 회원권 끊어서 마사지하러 다니더니 역시 마사지한 덕이 있구나. 그래서 어떻게 하기로 했어? 결혼할 거야?"

"음, 글쎄. 잘 모르겠어. 솔직히 나 정도의 미모에 지성이면 더 멋진 왕자님이 나타나지 않을까? 남우 씨는 왕자님치고 너무 어리바리하잖니."

"얘는! 어리바리한 남편이 최고야. 남우 씨 같은 남편이 잔소리도 안 하고 얼마나 편한 줄 아니? 주병아, 남우 씨 잡아. 기회 왔을 때 놓치면 너 후회한다?"

"그럴까? 아함, 졸려. 난 전생에 잠자는 숲속의 공주였나 봐. 호호. 나 그럼 남우 씨 만나러 간다~."

순자는 카페에 앉아서 커피를 마시다 그만 그 얘기를 듣고 커피를 내뿜을뻔 했다. 그리고 주병이가 뛰어 가는 모습을 보며 혼자 중얼거렸다.

"저러니 이름이 공주병이지. 딱 어울려요."

공주병이 공원으로 뛰어 가자 돈남우는 벌써 공원에 도착해 있었다.

"어머, 남우 씨 먼저 와 계셨네요. 호호. 그런데, 저 차는 뭐예요? 남우 씨 빨간 스포츠카는 어디 고장 났나요?"

"제… 제 동생이 빌… 빌려 갔습니다."

공주병을 바라보는 것만으로도 얼굴이 빨개진 돈남우는 가슴이 두근거려 말을 제대로 할 수가 없었다.

"그럼 저더러 트럭을 타라는 거예요? 저 같은 공주가 어떻게 트럭을 탈 수 있겠어요?"

"저… 저건 트… 트럭이 아니라 탱… 탱크입니다."

"예?? 탱크라고요?"

"아, 죄송합니다. 실… 실수입니다. 벤입니다."

주병이는 속으로 생각했다.

'아, 저게 연예인들이 타는 벤이라는 거구나. 호호. 하긴 뭐 내 얼굴이 연예인 뺨치게 예쁘니 내가 타는 게 당연하겠지만.'

"알겠어요. 남우 씨가 저를 위해 정성을 보여 줬으니 타도록 하죠. 드라이브나 갈까요?"

"예, 예. 좋습니다."

가로수 사이로 드라이브를 하는 동안 차안은 조용했다. 돈남우는 부끄러워서 공주병에게 말을 걸 수가 없어 계속 공주병 얼굴만 힐끔거렸다.

"저기, 제 얼굴에 뭐가 묻었나요? 왜 계속 힐끔힐끔 쳐다보시죠?"

'역시 내 미모가 너무 눈부셔서 똑바로 못 쳐다보는군. 호호.'

"저기… 주병 양, 어제 제가 한 프러포즈를 받아 주시겠습니까?"

공주병은 곰곰이 생각했다. 돈남우 이 남자라면 자기 속을 썩이지도 않고 평생 남부럽지 않게 살 수 있을 것 같았다.

"남우 씨, 평생 날 공주 대접 해줄 수 있나요?"

"당연하죠! 주병 양은 저의 하나뿐인 공주님입니다."

"호호, 알겠어요. 당신의 청혼을 받아들일게요. 영광으로 아세요. 호호."

그렇게 해서 돈남우와 공주병은 결혼을 했다.

결혼한 뒤로 공주병은 손가락 하나 까딱하지 않았다. 청소에서부터 빨래며, 설거지까지 모두 가정부가 와서 해 주고, 공주병은 매일 침대에 앉아서 거울만 들여다보거나 아니면 옷장에

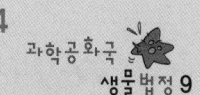

있는 옷을 모두 꺼내서 이리저리 자신한테 대보며 흡족한 미소를 지었다.

어느 날 공주병은 저녁을 먹고 있던 돈남우에게 말했다.

"자기야, 나 이제 공주님 안 할래."

"뭐? 우리 공주님이 왜 공주님을 안 한다고 할까?"

"호호. 자기야, 나 이제 왕비 되었어. 나 임신했어요. 호호. 자기 아기를 가졌다니까."

"뭐? 그게 진짜야?"

돈남우는 뛸 듯이 기뻤다.

"그럼 우리 공주님, 아차, 우리 왕비님. 먹고 싶은 거 다 말해. 내가 지금 나가서 왕창 사올 테니까. 하하. 이렇게 더운 여름에 아기 가지느라 고생했어."

"먹고 싶은 거? 자기야, 나 갓 잡아 올린 싱싱한 해삼 먹고 싶어."

"해삼? 하하, 역시 우리 왕비님답네. 알았어. 내가 얼른 가서 사올게."

돈남우는 급히 차를 몰고 근처 생선 가게로 가서 해삼을 찾았다.

"저기, 해삼 있습니까?"

"해삼요? 오늘은 가게에 없어요. 주문해 주시면 저희가 한번 구해 볼게요."

"알겠습니다. 꼭 좀 부탁합니다."

해삼을 못 구해 가자 공주병은 안달이 났다.

"해삼 먹고 싶다는데 자기는 왜 그것도 못 구해 와? 응? 해삼 먹고 싶단 말이야! 얼른 구해 와!"

공주병은 며칠 동안 해삼이 먹고 싶다며 돈남우를 졸라 댔다. 돈남우는 저번에 자신이 부탁했던 생선 가게를 찾아 갔다.

"저기, 해삼 왔나요?"

"죄송합니다. 아무래도 여름이다 보니 해삼 구하기가 하늘에 별 따기네요. 해삼은 어렵겠습니다."

돈남우는 집에 빈손으로 돌아갔다.

"자기야, 해삼은?"

"여름이라서 해삼 구하기가 힘들대……."

"뭐야? 자기 처음에 결혼할 때 뭐랬어? 나 평생 공주님처럼 살게 해 준댔잖아. 공주님이 해삼이 먹고 싶다면 해삼을 구해 와야지, 더구나 난 자기 아기까지 가지고 있는데! 난 이렇게 살고 싶지 않아."

"뭐라고?"

"당신 다시는 보고 싶지 않아. 흥! 해삼 들고 나 찾으러 오든지 해!"

그렇게 공주병은 집 밖으로 나가 버렸다. 돈남우는 너무 속이 상해 다시 그 생선 가게로 갔다.

"아니, 가게면 손님이 원하는 걸 제공해 줘야지, 여름이다 뭐다 계절 핑계나 대고! 내가 당신들 때문에 아내랑 사이가 멀어졌

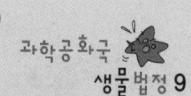

단 말이오. 지금 당장 해삼을 안 구해 오면 당신들 고소해 버릴
테요. 알겠소?"

돈남우 씨는 해삼을 구할 수 없다는 생선 가게 주인을 생물법
정에 고소하였다.

해삼은 따뜻한 환경을 싫어해서 수온이 17℃가 되면 자라는 속도가 느려지기 시작하고 25℃에 이르면 더 이상 자라지 않습니다.

여기는 **생물법정**

여름에는 왜 해삼을 구하기
어려울까요?
생물법정에서 알아봅시다.

 재판을 시작합니다. 원고 측 변론하세요.

 돈남우 씨는 생선 가게에 해삼을 구해 줄

것을 요구했습니다. 생선 가게에서 여름

이라 해삼을 공수하기 어렵다는 핑계로 돈남우 씨에게 해삼

을 구해 주지 않았습니다. 가게에서는 손님이 요구하는 것을

들어 주어야 하지 않습니까? 결국 돈남우 씨 부부는 헤어질

위기에 처하게 됐습니다.

 피고 측 변론하세요.

 판사님, 해양생물연구소장이신 한바다 소장을 증인으로 요청

합니다.

까무잡잡한 피부에 배가 불룩한 40대 남성이 증인석
에 올랐다.

 증인에 대한 간단한 소개를 부탁합니다.

 바다 생물에 관해서는 최고라고 자신할 수 있는 바다 사나이

올시다. 하하하!

증인은 해삼을 먹어 보셨습니까?

 예, 당연히 먹어 보았지요. 해삼이 바다의 인삼이라지요? 하하!

 바다의 인삼이라… 해삼이 우리 몸에 어떻게 좋은가요?

 해삼은 신진대사를 원활하게 하며, 식욕을 돋워 줍니다. 뿐만 아니라 항암 작용을 하는 항산화사포닌이라는 물질을 함유하고 있습니다. 해삼에 있는 빨판이 진공청소기 역할을 하여 우리 몸의 독소를 다 빨아들여 줘서 여성의 피부에 좋고 기미가 안 생기게 하며 남성의 정력에도 좋습니다.

 이야! 해삼이 우리 몸에 이렇게 좋다니 몰랐네요. 이렇게 몸에 좋은 해삼을 사시사철 먹을 수 있으면 정말 좋겠네요.

해삼은 겨울에서 봄에 이르는 시기에 우리나라 전 해안의 얕은 바다에서 보이는데 수온이 올라가는 여름철이면 자취를 감춥니다. 이를 두고 사람들은 더워서 해삼이 녹아 버렸다고들 하지요. 해삼은 수온이 17℃가 되면 자라는 속도가 느려지기 시작해서 25℃에 이르면 더 이상 자라지 않습니다. 그래서 해삼은 여름이 오면 수온이 낮은 바다 또는 깊은 바다의 동굴 속으로 들어가 겨울이 오기를 기다립니다.

 그럼, 여름에는 해삼을 찾아볼 수 없단 말인가요?

 경험이 많은 해녀들은 여름철에도 해삼을 건져 올리는데, 쉬운 일이 아니죠. 그래서 여름에 해녀들이 해삼을 건져 올리는 것을 '냉장고에서 해삼을 꺼내 온다' 라고 말할 정도로 여름

에는 해삼을 잡기가 쉽지 않습니다.

그렇군요. 말씀 잘 들었습니다. 여름철에 구할 수 없는 해삼을 가게에서 구해 주기를 요구하고, 해삼을 구하지 못하여 아내와 헤어질 위기를 가게에 떠넘긴다는 것은 말이 되지 않습니다. 바다 속 자기만 아는 곳에 큼직한 냉장고 몇 개를 가지고 있으면 사시사철 싱싱한 해삼을 맛볼 수 있지 않을까요? 판사님!

판결합니다. 가게는 손님이 원하는 것을 들어주어야 하는 의무가 있습니다. 허나, 여름철이면 자취를 감추어 버리는 해삼을 구하기란 어려운 일이 아닐 수 없습니다. 원고 돈남우 씨는 해삼을 구할 수 없음을 아내에게 잘 설명하세요. 이것으로 재판을 마치겠습니다.

재판이 끝난 후, 결국 해삼을 구하지 못한 돈남우 씨는 공주병에게 찾아가 해삼을 찾기 어려워 구할 수 없었다고 미안해 하며 대신 다른 것은 무엇이든 해 주겠다고 했다. 그러자 공주병씨는 구할 수 없는 것을 구해 오라고 했는데도 자신에게 지극정성인 남편에게 감동받아 더 이상 투정을 부리지 않았고, 얼마 후 예쁜 아기가 태어났다.

해삼

해삼은 몸 색깔에 따라 세 가지로 달리 불린다. 몸이 붉은 홍삼, 몸이 푸르스름한 청삼, 몸이 검은 색을 띠는 흑삼이 바로 그것인데 이 중 홍삼이 제일 수가 적은 편이다.

성게야 나와라

수족관에서 낮에는 왜 성게를 볼 수 없는 걸까요?

"야, 이짱구! 이리 안 와? 너 얼른 국어 시험지 들고 와. 오늘 학교에서 국어 시험 쳤다며?"

"어? 국어 시험? 안 쳤는데. 원래 오늘 치려고 했었는데 선생님이 깜빡 잊고 시험지를 안 들고 오셔서 시험 못 쳤어요."

짱구의 말이 끝나기가 무섭게 머리에 쿵! 하고 별이 번쩍였다.

"엄마가 조금 전까지 옆집 희순이네 있었는데, 네 짝지 희순이가 국어 시험지 들고 왔더라. 희순이는 100점 맞았다고 자랑하던데. 얼른 시험지 내놓지 못해?"

짱구는 그제야 엄마의 눈치를 살피며 책가방에서 슬금슬금 시험지를 꺼냈다.

"뭐야? 30점? 받아쓰기 문제는 맞은 게 없잖아! 책받침을 책바침이라고 쓰고, 쓰레받기를 쓰레바퀴? 무슨 수레바퀴니? 휴, 엄마가 못 살아요. 웃다를 쓰라니까 이모티콘을 그려 놓으면 어떡하니? 안 되겠다. 보니까 너 손바닥 몇 대 맞아야 정신을 차리겠구나? 얼른 가서 부엌에 걸려 있는 파리채 들고 와!"

고개를 숙이고 실실 웃으며 엄마의 꾸중을 듣고 있던 짱구는 파리채라는 말에 정신이 번쩍 들었다. 그래서 고개를 들고 말했다.

"엄마, 벌과 고통은 교육에 나쁜 결과만을 가져 올 뿐이에요."

"어이쿠, 이 녀석아. 말은 잘한다. 초등학교 6학년이면서 책받침도 못 쓰는 녀석이!"

"어머니, 송구하오나 감히 제가 한 말씀만 올리겠습니다. 저를 채찍보다는 당근을 이용하여 이끌어 주소서. 통촉하여 주시옵소서."

짱구는 갑자기 무릎을 꿇고 사극 흉내를 냈다. 그 모습에 짱구의 엄마는 웃음이 났다.

"원, 녀석도. 호호. 알았다, 알았어. 다음 시험에 옆집 희순이보다 국어 성적 잘 나오면 엄마가 수족관 데리고 가 줄게. 너 수족관가 보고 싶다고 난리였잖아. 안 그래도 이번에 왕궁 수족관에 성게가 들어와서 이모네도 성게 보러 간다더라. 너만 시험 잘 쳐. 그럼 엄마도 너 성게 구경시켜 줄게. 알겠니?"

"희순이보다요? 휴, 가망 없는데. 알았어요."

"국어 시험 다음 주에 하나 또 치지? 엄마는 우리 짱구를 믿는다. 호호."

방으로 들어온 짱구는 마음이 무거웠다.

'휴, 어쩌지? 수족관은 너무너무 가고 싶은데 희순이보다 잘칠 수 있을까? 희순이는 학교에서도 국어 여왕이라고 소문난 아이인데….'

어느새 시험을 치는 날이 다가왔다. 일주일 동안 짱구는 열심히 국어 공부만 했다. 하지만 짱구의 마음은 희순이 때문에 여전히 무거웠다.

드디어 시험지가 나눠지고 교실 안은 조용한 채 사각사각하는 소리만 가득했다. 시험지를 거두기 1, 2분 전 쯤 되었을까? 갑자기 희순이의 비명 소리가 들렸다.

"어떡해! 어제 밤에 너무 늦게 자는 바람에 시험지 1번만 풀어 놓고 계속 자 버렸어! 으악!"

곧이어 시험지를 거둘 시간이 되고 희순이의 표정은 일그러졌다. 채점한 시험지를 돌려받은 후 짱구는 부리나케 집으로 뛰어 갔다.

"엄마! 엄마! 나 50점 받았어요. 하하, 잘했죠? 이제 수족관 갈 수 있죠?"

"휴, 이짱구! 아직도 정신 못 차렸구나! 비록 20점 올랐다지만

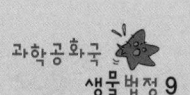

50점이 잘한 거니? 보나마나 희순이는 또 100점일 거야.”

“아냐, 엄마. 희순이 시험지 채점해 놓은 거 내가 몰래 봤는데 0점이었어. 히히. 1번도 틀렸더라고.”

“뭐? 그게 무슨 말이야?”

“무슨 말이긴, 그러니까 내가 희순이보다 시험을 잘 쳤으니 수족관을 가야 된다 이 말이죠! 얼른 성게 보러가요! 지금 당장!”

“으이구, 녀석 보채기는. 알았어. 얼른 챙겨서 나와.”

“히히, 챙길 게 뭐가 있어요? 성게 알은 맛있던데, 성게는 어떻게 생겼을까?”

짱구는 두근거리는 마음으로 엄마와 함께 수족관으로 향했다.

“와, 웬 사람들이 이렇게 많아요?”

“이번에 이 수족관에서 성게를 들였다고 소문이 퍼졌잖니. 그래서 사람들이 성게 보러 왔나 보다.”

“엄마, 사람들이 성게 보러 와서 성게가 알 낳으면 그거 가지고 초밥 만들어 먹으려고 모여든 것 아냐? 이 나쁜 사람들!”

“이짱구! 사람들이 너 같은 줄 아니?”

‘헉, 엄마가 어떻게 알았지?’

짱구는 내심 놀랐다.

짱구와 엄마는 많은 사람들 틈 속에서 물속의 성게를 보기 위해 아등바등 거렸다. 몸집이 작은 짱구가 엄마 손을 잡고선 사람들 틈 사이로 쏙쏙 비집고 들어갔다.

"휴, 이제야 앞이 잘 보이네. 그런데 엄마, 성게는 여전히 안 보여. 성게 어디 있어?"

"성게는 저기 바위틈 안에 있단다. 그런데 왜 안 나오지? 나와야 어떻게 생겼는지 볼 것 아냐."

짱구는 반짝거리는 눈으로 바위만 주시하고 있었다. 그런데 몇 시간이 흘러도 성게는 바위틈에서 나올 생각을 하지 않았다. 성게를 보기 위해 모여든 많은 사람들은 점점 불쾌해하며 짜증을 내기 시작했다. 짱구 역시 기다림에 지쳐서 짜증이 났다.

"엄마, 왜 성게 안 나와?"

"그러게! 혹시 아무 것도 없는 것 아냐? 아무 것도 없는데 사람들을 끌어 모으기 위해 성게가 있다고 거짓말한 건가? 만약 그렇다면 이 수족관 당장 고소할 테다!"

"고소해! 고소하자고!"

짜증이 난 관람객들은 소리치기 시작했다.

그리고 결국 참지 못한 사람들은 수족관 주인을 생물법정에 고소하기로 하였다.

성게는 야행성 동물이라서 낮에는 빛이 들어오지 않는 바위틈에 숨어 있다가
밤이 되면 먹이를 먹기 위해 기어 나온답니다.

여기는 생물법정

**수족관에서 성게가 왜
나오지 않는 것일까요?**
생물법정에서 알아봅시다.

 재판을 시작합니다. 원고 측 변론하세요.

피고 측은 성게를 들였다는 소문을 내서
손님들을 끌어 모았습니다. 그런데 손님
들이 성게를 보러 갔을 때 성게는 한 마리도 보이지 않았습
니다. 어떻게 된 거죠? 이건 명백히 사기입니다!

원고 측 진정하세요.

으흠, 어떤 아이는 성게를 보러 오기 위해 열심히 공부도 했
습니다. 성게를 보러간 아이가 실망하며 돌아가는 모습을 상
상이나 해 보셨습니까?

피고 측 반론하세요.

판사님, 피고 측 수족관 직원을 증인으로 요청합니다.

얼굴이 길쭉하고 젊어 보이는 수족관 작업복 차림의
남성이 증인석에 오른다.

 증인은 수족관에서 얼마나 일하셨죠?

 작년 여름부터 아르바이트로 방학 때면 일을 해 왔습니다.

 이번 여름에 성게를 수족관에 들였죠?

 예, 제가 성게 들이는 작업에 참여하였습니다.

 네, 감사합니다. 증인의 말처럼 수족관은 분명 성게를 들였습니다. 그럼 손님들이 왜 성게가 보이지 않는다고 했을까요? 판사님, 해양생물연구소의 부소장님이신 김성게 씨를 또 한 명의 증인으로 요청합니다.

 판사님, 또 증인을 들이다니요!

 좋습니다. 들이세요.

우락부락하고 덩치 큰 여성이 들어와 증인석에 앉는다.

 안녕하십니까? 해양 생물 연구소에서 일하신 지는 얼마나 되셨지요?

 올해가 12년째입니다. 제 청춘을 바쳤다고 해도 과언이 아니죠.

 그럼, 해양 생물에 대해 해박하시겠군요.

 해박은 아니더라도 어느 정도의 기본 지식은 갖고 있다고 할 수 있지요.

 성게는 어떤 동물입니까?

 성게는 전 세계에 800여 종이 살고 있는데 우리나라 바다에서는 먹을 수 있는 보라성게, 분홍성게, 말똥성게가 주로 서식합니다.

 성게가 독을 가지고 있나요?

 우리나라의 성게는 그렇지 않지만 열대 바다에는 가시에 강한 독을 가진 성게도 있습니다.

 음, 성게 가시에 독이 있다니. 앞으로 수입된 성게를 먹을 때는 조심해야겠군요. 그럼 본론으로 들어가서 성게가 수족관에서 나오지 않은 이유는 뭐죠?

 성게가 야행성 동물이기 때문입니다.

 그게 무슨 말이죠?

 무식하시긴. '야(夜)'는 밤을 뜻하고 '행(行)'은 행동을 뜻하니까 밤에 행동한다는 뜻이지요.

 그럼 낮에는 뭘 하죠?

 낮에는 빛이 들어오지 않는 바위틈 등에 머물러 있지요. 빛을 싫어하니까요. 그랬다가 밤이 되면 미역과 같은 해조류를 먹기 위해 기어 나오지요.

 아하! 그래서 낮에 성게를 보기 힘들었군요. 그렇죠? 판사님.

 판결하겠습니다. 성게는 야행성 동물로, 성게를 보려고 낮에 오는 손님들은 성게를 보지도 못 하고 돌아갔습니다. 그러므로 수족관 측은 손님들에게 낮에는 성게를 볼 수 없는 이유와 함께 손님들께 사과를 하시기 바랍니다. 그리고 낮에도 손님들이 성게를 볼 수 있도록 수족관을 어둡게 만들고 손님들은 어둠

속에서도 볼 수 있는 적외선 안경을 사용하게 하도록 하십시오. 이상으로 재판을 마치겠습니다.

재판이 끝난 후, 수족관에서는 낮에 성게를 보러 왔던 손님들에게 무료 관람권을 하나씩 주고, 다음에 오면 성게를 볼 수 있을 것이라고 사과했다. 그 후 수족관은 낮에도 성게를 볼 수 있도록 환경을 바꾸었다. 다시 수족관을 찾은 이짱구는 성게 앞에서 언제 알을 낳나 기다리고 있었다.

 차극

성게의 몸에는 막대 모양으로 생긴 관이 튀어 나와 있는데 이것을 차극(叉棘)이라고 부른다. 차극의 기능은 작은 생물들이 가시 사이로 들어오는 것을 막는 역할을 한다.

바다나리의 공격

바다나리가 사람을 공격할 수 있을까요?

'따르릉…… 따르릉……'

"여보세요?"

"축하합니다~ 축하합니다~ 당신의 행운을 축
하합니다~ 짝짝짝! 축하드립니다. 저희 회사 20주년 이벤트에서
행운의 주인공이 되셨습니다."

"예? 뭐라고요?"

전화를 받은 겁순이 아줌마는 수화기에서 흘러나오는 갑작스런
축하 메시지에 당황했다.

"김겁순 씨 맞으시죠? 한 달 전쯤 저희 '한방 식용유' 이벤트 행

사에 참가하신 적 없으신가요?"

김겁순은 곰곰이 생각해 보았다.

"아, 한 달 전에 인터넷으로 참여했던 게 기억이 나네요. 숫자 맞추는 이벤트였죠? 정말 제가 뽑힌 거예요? 와! 상품이 뭐죠?"

"예, 상품은 7박 8일 해양 체험 패키지 상품권입니다. 저희가 우편으로 발송해 드렸으니 아마 오늘 오후쯤에는 김겁순 씨 댁에 도착할 거예요. 그럼 좋은 하루 보내시고 저희 '한방 식용유' 많이 사랑해 주세요."

그렇게 전화가 끊기고 김겁순은 너무 좋아서 어쩔 줄을 몰라 수화기를 든 채로 멍하니 앉아 있다가 방에 있던 남편에게 뛰어갔다.

"자기야! 나 저번에 이벤트 공모했는데, 세상에! 내가 이벤트에 당첨됐대. 호호. 상품이 뭔지 알아? 해양 체험 패키지 상품권이래. 호호호. 자기야, 너무 좋지?"

"우와, 그게 진짜야? 이게 웬일이야! 나이스! 우리 여보가 최고다! 하하!"

조금 있으려니 패키지 상품권이 도착했다.

"어머? 출발 날짜가 내일이잖아. 얼른 짐부터 싸 놔야겠네."

김겁순은 여행갈 짐을 부랴부랴 싸기 시작했다.

"아무래도 바다니까 비키니도 챙겨야겠지? 그리고 앗, 선크림도 절대 빼놓으면 안 되지! 여보, 여보도 얼른 짐 챙겨. 내일 아침 출발이야!"

겁순이 부부는 두근거리는 마음으로 짐을 싸고는 잠이 들었다. 하지만 설레는 마음에 눈이 감기질 않았다. 거의 뜬눈으로 밤을 새우다시피 한 겁순이 부부는 아침 일찍 출발했다.

"와! 바다다!! 여보 사랑해. 당신밖에 없어."

"여보, 나도 좋아!!"

공짜 패키지 여행 덕분에 오랜만에 만난 바다는 겁순이 부부에게 천국과 다를 바 없었다.

"안녕하십니까? 저는 공짜 패키지 여행의 가이드를 맡은 따라와입니다. 이번 여행에 저만 따라 오시면 정말 유쾌하고 재미있는 여행이 되실 것입니다."

"네, 그래요. 저희들은 우리 따라와 가이드만 믿겠습니다! 하하."

"네! 따라와~."

겁순이 부부는 가이드를 따라 이곳저곳 여행을 즐기기 시작했다. 처음 도착한 곳은 바닷가 주변의 활어 회 센터였다. 그곳은 엄청난 크기의 생선을 파는 사람들과 23층 빌딩의 횟집, 전망이 좋은 레스토랑 등 지상 낙원이 따로 없었다.

"자, 여기서 드시고 싶은 회를 주문하시면 그 자리에서 바로 회를 떠 드립니다. 그리고 여기 2층으로 올라가시면 전망이 제일 좋은 곳에서 싱싱한 회를 맛보실 수 있습니다. 전망이 제일 좋은 곳은 제가 특별히 정해 놓도록 하겠습니다."

"우와! 네, 감사합니다! 좋은 가이드를 만난 것 같아요! 내가 제일 좋아하는 회를 마음껏 먹을 수 있다니, 너무 좋네요."

"꺅! 나는 움직이는 생선은 무서워요. 당신이 회 주문하세요. 저는 먹을 수 있는 회가 되면 그때 먹을게요. 호호."

"나도 무서워. 가이드님이 주문 좀 해주세요. 저희들은 움직이는 생선은 무서워요. 흑흑."

가이드는 겹순이 부부 대신 여러 가지 생선회를 주문한 후 겹순이 부부를 데리고 2층으로 올라가서 기다리고 있었다. 부부는 전망이 아름다운 공간에서 얼른 회를 먹고 싶었다. 얼마 지나지 않아 엄청난 양의 회가 도착했다. 얼마나 많이 주문했는지 7접시 정도나 되었다.

"으악! 너무 많아. 우리가 이렇게 많이 시켰었어? 어쨌든 너무 맛있겠다. 우후후."

"여보 걱정 마. 내가 회 킬러잖아. 호호. 당신은 천천히 들어요! 저는 접시째로 긁을 테니."

겹순이네 집안은 대대로 회를 무척이나 좋아했다. 그래서인지 김겹순 씨도 회를 보면 그 어느 음식과도 비교할 수 없는 맛을 알았다. 김겹순 씨는 혼자 회 5접시를 순식간에 해치웠다.

"우와, 당신 사람이야, 생선 흡입기야? 정말 잘 먹네? 이렇게 좋아하는 줄 알았으면 진작 데리고 올 걸 그랬어. 하하, 근데 당신하고 회 먹으러 오면 회 값 장난 아니게 나가겠다. 쩝쩝."

"여보! 괜찮아. 당신이 사 주면 아껴서 먹을게요. 우후후. 이제 당신도 좀 먹어. 내가 너무 먹었나? 히히."

"아이고, 사모님 되게 잘 드시네요. 하하. 더 드시고 싶으시면 말씀만 하세요. 공짜 여행이기 때문에 얼마든지 가능합니다."

"와! 진짜 좋다. 이번 기회에 아주 질리도록 먹어 버려? 호호. 그럼 5접시만 더 주세요!"

"컥!!"

가이드는 뭐 이런 여자가 있냐는 듯한 표정을 하곤 회를 가지러 내려가서 회 5접시를 들고 왔다. 겁순이 남편은 겁순이에게 이제 그만 하라고 말했지만 겁순이의 회 흡입은 어느 누구도 말릴 수 없었다.

"사모님. 이제 다음 코스로 이동해야 합니다. 너무 많이 드시면 나중에 탈이 생길 수 있어요. 조심하셔야 합니다."

"괜찮아요. 이 정도 쯤이야. 호호. 제가 좀 이상해 보이죠? 호호. 회가 하도 맛있어서 그래요. 근데 따라와 가이드는 회 안 드시나요? 좀 드세요."

"아니요. 저는 업무 중에 회를 먹을 수 없습니다. 군침이 도네요. 하하. 다 드셨으면 다음 코스로 이동하죠."

좀 더 먹으려는 눈빛을 하고 있는 겁순이를 뒤로 한 채 가이드와 남편은 다음 코스로 이동하려고 슬쩍 횟집을 내려왔다. 가이드도 회를 좋아했던 터라 혼자 회를 잔뜩 먹어 치운 겁순이가 너무

알미웠다. 따라와 가이드의 마음 한 쪽에서는 악마 같은 마음이 일어나고 있었다.

"사모님, 사장님! 스킨 스쿠버 하러 가시죠. 이게 다음 코스입니다. 아주 재미있고 신기한 체험이 되실 것입니다. 오늘은 특별히 바다 속 여행을 많이 하게 해 드리도록 하겠습니다."

"네? 저기 밑에 사람 무는 물고기 없어요? 저는 안 들어갈래요. 혹시 들어가서 무슨 일 당하면 어떻게 해요. 당신 보고 싶으면 나 신경 쓰지 말고 들어가요."

"아냐. 나도 괜찮아. 그냥 다음에 보도록 하죠? 물고기가 물면 진짜 아프다고 하던데."

"아이고, 정말 좋은 경험을 놓치려고 하세요? 바다 속에 별거 없어요. 바다나리, 수초 같은 거 밖에는요. 여기 안 들어가시면 제가 직장에서 제재를 받을 수 있기 때문에 여기는 꼭 들어가셔야 합니다. 이곳이 여행의 포인트입니다. 들어가지 않으시면 가이드를 더 이상 못 해 드립니다."

"아휴! 가기 싫다는데 정말. 여보! 따라와, 가이드 믿고 한번 들어가 보자! 설마 다치기야 하겠어?"

"아~ 정말 가기 싫은데. 에이 모르겠다. 들어가 봐요!"

겁순이 부부는 하는 수 없이 바다 속으로 들어가기로 하고 체험을 시작하였다. 하지만 들어간지 얼마 안 돼서 겁순이 부부는 바다나리들의 공격을 받아 이곳저곳에 상처를 입고 바다 밖으로 도망쳐 나왔다.

"아니 이게 무슨 일 입니까? 물고기들한테 공격을 당했잖아요! 뭐 이런 가이드가 다 있어? 안전하다고 거짓말을 하다니! 당신을 당장 고소하겠어!"

바다나리의 공격으로 상처를 입은 겁순이 부부는 화가 나서 따라와 가이드를 생물법정에 고소하였다.

바다나리는 바다에 둥둥 떠다니면서 플랑크톤을 잡아먹는 동물인데,
자신의 몸을 보호하기 위해 가지에 독을 갖고 있습니다.

과연 바다나리가
사람을 공격할까요?
생물법정에서 알아봅시다.

재판을 시작합니다. 피고 측 먼저 변론하세요.

피고는 원고의 가이드였습니다. 여행 일정에 스킨 스쿠버가 포함되어 있었고, 가이드는 스킨 스쿠버를 할 것을 권했습니다. 그게 뭐가 잘못되었다는 거죠? 일정대로 가이드 한 게 잘못입니까?

사건의 요지는 그게 아닙니다. 원고가 스킨 스쿠버 후에 상처를 입었기 때문에 법정에 온 것으로 알고 있습니다.

그것도 마찬가지입니다. 일정에 스킨 스쿠버가 포함될 정도면 안전하고 별 탈이 없기 때문 아닙니까? 바다나리나 수초 같은 것뿐이었는데 상처가 난 것은 안내대로 하지 않고 쓸데없이 돌아다니다가 바위 모서리에 긁힌 상처겠지요. 그 책임을 왜 피고가 져야 합니까?

도대체 논리적으로 설명하는 부분이 하나도 없군요. 원고 변론하세요.

스킨 스쿠버 강사이신 완전풍덩 씨를 증인으로 요청합니다.

　　보기에 민망한 딱 붙는 차림을 한 남자가 증인석으로 나왔다.

 바다나리는 꽃입니까?

 아닙니다. 바다나리는 불가사리나 해삼 같은 극피동물입니다.

 그런데 왜 꽃 이름이죠?

 바다나리의 생김새가 나리꽃을 닮았기 때문입니다. 바다나리는 빨강, 노랑, 초록, 흰색, 검정의 화려한 깃털을 가지고 바다 속에서 흔들거리는 모습이 매우 아름다운 동물입니다.

 바다나리는 어떤 생활을 하죠?

 바다나리는 줄기가 있어 어딘가에 달라붙어 생활을 하는 종류와 줄기 없이 바다 속에서 떠돌아다니는 종류, 두 가지 종류가 있습니다. 줄기가 있는 것은 바다백합류라고 부르며 줄기를 이용해 몸을 바닥에 고정시킨 채 살아가는데, 이들은 수심 100m 이상의 깊은 곳에 살기 때문에 쉽게 관찰하기가 어렵습니다. 잠수 도중 물속에서 흔히 만나게 되는 부류는 갯고사리류라고 부르는 줄기가 없는 것입니다. 그러므로 원고가 보았던 바다나리는 줄기가 없는 것이라고 생각합니다.

 바다나리는 어떻게 먹이를 먹죠?

 갯고사리류는 아래쪽에 있는 갈고리같이 생긴 다리를 이용해서 바닥에 붙거나 움직일 수 있습니다. 위쪽으로는 갈라진 팔이 있는데, 여기에는 끈끈한 액이 나오는 깃털 같은 가지가 있지요. 바다나리는 팔과 가지를 그물처럼 활짝 벌리고 있다가 그곳에 달라붙는 플랑크톤을 잡아먹습니다. 같은 극피동물인 불가사리나 해삼의 입은 아래쪽에 있는데 반해, 바다나리의 입은 물속의 플랑크톤을 걸러 먹기 위해 위쪽에 있습니다.

 바다나리가 사람에게 상처를 입힐 수도 있습니까?

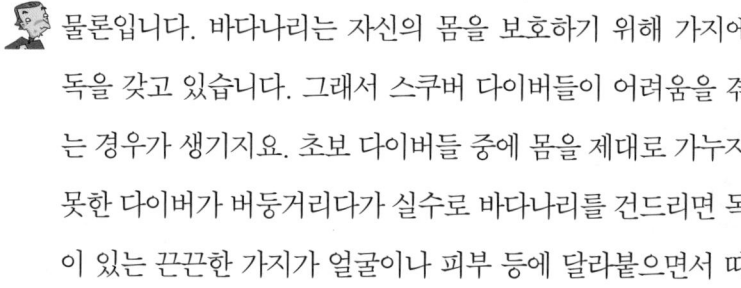 물론입니다. 바다나리는 자신의 몸을 보호하기 위해 가지에 독을 갖고 있습니다. 그래서 스쿠버 다이버들이 어려움을 겪는 경우가 생기지요. 초보 다이버들 중에 몸을 제대로 가누지 못한 다이버가 버둥거리다가 실수로 바다나리를 건드리면 독이 있는 끈끈한 가지가 얼굴이나 피부 등에 달라붙으면서 따끔한 통증을 주지요. 이 통증은 잠수를 마친 후에도 상당 기간 지속됩니다.

그렇군요. 증언 감사합니다. 판사님, 증인의 증언에서 알 수 있듯이 바다나리는 독을 가지고 있기 때문에, 끈끈한 가지가 사람에게 상처를 입힐 수 있습니다. 그런데 피고는 원고에게 이런 것을 알려 주지 않고, 오히려 아무 일도 없을 거라고 말했습니다. 따라서 제대로 알려 주지 못한 피고에게 잘못이 있다고 생각됩니다.

판결합니다. 피고는 바다나리에 독이 있어서 잘못 건드리면

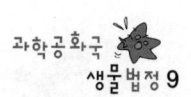

상처를 입을 수 있다는 것을 미리 알고 있어야 했고, 그것을 원고 측에게 알려 주어야 했습니다. 그랬다면 원고가 상처를 입을 일이 없었을 지도 모르지요. 따라서 원고 측에서 상처를 입은 것은 피고에게 책임이 있다고 생각되므로 피고는 원고의 치료비를 지불해 주고, 제대로 된 가이드를 하기 위해 다시 교육을 받을 것을 권고합니다. 이상으로 재판을 마칩니다.

재판이 끝난 후, 따라와 씨는 김겁순 씨에게 사과를 하고 김겁순 씨의 모든 치료비를 지불했다. 그 후 따라와 씨는 처음 가이드가 되기 위해 받았던 교육 이외에도 바다 생물에 대한 상식까지 새로 교육을 받아야만 했다.

플랑크톤

플랑크톤은 '떠다니는 것'이라는 뜻의 그리스어이다. 스스로 헤엄치는 능력이 없어서 물의 흐름에 따라 움직이는 미생물을 말한다.

과학성적 끌어올리기

극피동물

극피동물은 '가시와 같은 피부를 가진 동물' 이라는 뜻입니다. 극피동물의 가장 큰 특징은 피부에 가시가 돋아나 있으며 몸은 방사형으로 뻗어 있고 주로 다섯 개로 갈라져 있습니다. 또한 극피동물은 재생력이 강해 몸의 일부가 떨어져 나가도 그 조각으로 다

과학공화국
생물법정 9

과학성적 끌어올리기

시 극피동물을 만드는 성질이 있습니다. 극피동물은 전 세계에 6천여 종이 있으며 바다에 살고 있는 대표적인 해양 동물입니다.

불가사리의 이용

불가사리는 죽으면 지독한 냄새가 나기 때문에 정부에서 kg 당 400~1300원 정도로 보상하여 수거하지만 현실적인 방법이 못되어 요즘은 불가사리를 음식이나 약으로 이용하려는 시도가 있습니다.

현재 불가사리를 약으로 이용하는 연구가 전 세계적으로 이루어지고 있습니다. 불가사리를 이용하여 암을 막는 약의 개발이나 불가사리의 재생력을 이용하여 사람의 신체가 잘려 나갔을 때 염증을 막는 약을 개발하는 연구가 진행되고 있는데, 불가사리의 팔이 잘려 나갔을 때 염증이 생기는 것을 막는 것은 박테리아의 작용으로, 바로 이 박테리아를 이용한 감염 치료제의 개발이 추진되고 있습니다.

과학성적 끌어올리기

해삼

해삼은 몸의 길이 방향으로 긴 창자가 있습니다. 해삼은 입으로 모래나 흙과 함께 유기물을 삼킨 후 유기물은 걸러서 소화하고 모래와 흙은 항문을 통해 내보내지요. 열대 지방의 고운 산호모래가 깔려있는 곳에서는 해삼이 지나간 흔적이 꿈틀꿈틀 길게 남아 있는데, 이 중간 중간에 작은 모래무지들이 쌓여있는 것을 볼 수 있습니다. 이것은 해삼이 바닥의 모래를 먹은 후 유기물을 걸러 내고 배설한 흔적들입니다. 이러한 특징으로 해삼은 유기물로 오염된 모래 바닥을 깨끗하게 만드는 역할도 하고 있습니다.

성게

성게의 배를 가르면 노란 색의 알 같은 것이 나옵니다. 이것은 사실 알이 아니라 생식선인데, 알처럼 생겼기 때문에 흔히 성게 알이라고 부릅니다. 우리나라의 성게는 맛이 좋아 일본 등 여러 나라로 수출되는 우리나라의 주요 수산 자원 중의 하나입니다. 또

과학성적 끌어올리기

한 제주도에서는 성게의 생식선과 미역을 함께 넣어 만든 국이 유명합니다. 성게의 생식선 안에는 단백질이 많이 들어 있고 철분과 비타민이 많아 건강에 좋은 음식입니다. 또한 성게의 생식선에는 사포닌이 들어 있어 가래를 막아 주는 기능을 합니다.

제2장

자포동물에 관한 사건

물고기가 전부 어디로 갔지?

수지맨드라미 – 수지맨드라미는 동물인가요, 식물인가요?

말미잘 – 물고기 살려!

해파리 – 해파리! 상어보다 무서워요!

히드라 – 아름다운 식물 히드라

수지맨드라미는 동물인가요, 식물인가요?

광합성을 하는 수지맨드라미는 식물일까요?

바다 마을은 사방에 바다를 끼고 있는 조그마한 섬 마을이다. 이 섬에는 학교도 하나밖에 없고 병원도 없고 커다란 슈퍼마켓도 없어서 아이들은 열심히 공부해서 하루빨리 이 섬을 나가겠다는 생각뿐이었다. 하지만 이런 보잘것없는 섬에 작년부터 주말만 되면 사람들이 몰려들기 시작했다. 이 섬의 바다에 자라는 수지맨드라미라는 산호 때문이었다.

수지맨드라미는 바다 속 바위를 수직으로 쭉 따라서 수영해 들어가다 보면 얼마 지나지 않아 알록달록한 색깔이 눈에 들어오는 무척이나 아름다운 산호인데, 노랗고 파랗고 빨간 수지맨드라미는 바다 속에 있는 산호들 중에 단연 최고라고 할 수 있다. 수지맨드라미는 물 밖에 있는 맨드라미보다도 훨씬 멋진 모습을 하고 있다.

이 마을에 사는 김만드 군은 어릴 적부터 친구들과 바닷가에서 수영을 하면서 수지맨드라미를 자주 보곤 했는데, 여러 번 이것을 따서 어머니 생신 선물로 드리려고 시도했지만 단 한 번도 성공한 적이 없었다. 하지만 바다 마을에서 너무나 흔하게 볼 수 있는 것이라 이 산호가 많은 사람들의 이목을 끌 정도로 신기한 것인 줄은 생각도 하지 못했다.

그런데 지금은 이 수지맨드라미를 보기 위해서 주말이면 북적북적 사람들이 섬을 찾고, 또 이런 산호를 맘껏 구경할 수 있도록 잠수함을 이용한 관광 상품도 개발되었다.

김만드 군도 지난주에 서울에 사는 사촌들이 섬에 놀러와서 함께 잠수함을 타고 수지맨드라미와 다른 산호들을 구경했는데, 마치 동화 속 인어 공주가 된 듯한 기분이었다. 그리고 갖가지 색깔의 아름다운 산호들은 바위에서 자라나는 예쁜 꽃들 같았다. 그날 김만드 군은 잠을 한숨도 이루지 못했다. 왜냐하면 바다에 그렇게 예쁜 정원이 존재한다는 사실이 너무 기뻤기 때문이다.

"야, 넌 좋겠다. 저렇게 예쁜 정원을 가지고 있어서. 육지에 있는 꽃들보다 5백만 배는 더 예쁜 것 같다."

사촌 철이는 김만드 군을 무척이나 부러워했다.

그리고 얼마 전엔 뉴스에도 바다 마을 주변의 해안가가 수지맨드라미의 국내 최대 서식지라며 소개되었다. 그래서 김만드 군은 학교에 가서도 친구들에게 입에 침이 마르도록 자랑을 늘어놓았다. 김만드 군의 친구들은 거의 다 뭍에 사는 아이들이라 산호 같은 건 본 적도 없다고 했다.

그런데 이렇게 시끌벅적한 바다 마을에 며칠 전부터는 싸움까지 벌어졌다. 김만드 군이 학교에서 돌아오다가 해안을 따라 걷고 있는데 잠수함을 타기 위해 기다리는 선착장 앞에서 아주머니들과 아저씨들이 수지맨드라미 때문에 말싸움을 벌이고 있는 것이 보였다.

"수지맨드라미는 동물입니다. 이것이 겉으로 보기엔 식물 같지만 이들은 플랑크톤이나 작은 새우들을 먹고 살아간다고요. 식물이 먹이 먹는 것 봤습니까?"

"아닙니다. 눈으로 쉽게 확인할 수 있듯이 수지맨드라미는 식물 쪽에 가깝습니다. 물론 먹이를 먹고 살지만 식물처럼 움직이지도 않고 광합성도 하니까요."

이렇게 수지맨드라미가 식물이냐 동물이냐를 두고 마을 사람들은 계속 싸우고 있었다. 그래서 김만드 군은 얼른 집으로 달려가 어머니께 여쭈어 보았다.

"엄마, 엄마. 수지맨드라미 있잖아. 우리 저번에 철이네랑 잠수함 타고서 보고 온 것 말이에요. 그거 식물이에요, 아님 동물이에요? 저기 선착장에서 어른들이 이것 때문에 싸우고 있어요."

어머니는 김만드 군의 질문에 머리를 갸우뚱하셨다.

"글쎄다. 식물 아니니? 난 그런 줄 알았는데. 하여튼 요즘 그것 때문에 동네가 참 시끄럽더구나."

"식물이에요? 저도 그렇다고 생각했어요."

김만드 군은 엄마의 의견을 지지했다.

그때 갑자기 아버지께서 오시더니 대뜸 한마디 하셨다.

"식물이라니? 산호는 모두 동물에 속하는 거야. 겉으로 볼 땐 식물같이 보이지만 나름대로 소화기관도 있단다. 그리고 먹이도 먹고 말이야."

"아이고, 여보. 요즘 그것 때문에 사람들이 난리라면서요. 하여튼 몇 년 전까지만 해도 수지맨드라미니 뭐니 아무도 관심도 안 갖더니 이것이 돈벌이가 된다 싶으니까 너도나도 달려들어서 관리한다고 야단법석이네."

"안 그래도 오늘 서울에서 동물학회 사람들하고 식물학회 사람들이 와서 서로 자기네들이 우리 동네 해안 운영권을 가져야 한다고 아침부터 시끄러워. 이때까지 나도 그거 말리다 왔다니깐."

김만드 군의 아버지는 피곤한 눈치였다. 그래서 김만드 군은 스스로 수지맨드라미가 식물인지 동물인지를 확인하고 싶어서 해안가로 갔다. 해안가에 있는 거의 모든 사람들은 흥분한 채 각자 목소리를 높이고 있었다.

"이보시오. 참 답답한 사람일세. 내가 이때까지 수지맨드라미가 동물이라는 것을 증명해 보이지 않았소. 이만하면 물러설 때도 된 것 같은데. 괜한 고집 부리지 말고 해안 운영권을 우리에게 넘기시오."

"뭐라는 소린지 모르겠네. 아무리 생각해도 수지맨드라미는 식물입니다. 동물학회는 늪지대에 서식하는 철새들이나 관리하시지요. 멸종 위기라고 난리법석이던데. 왜 여기까지 바쁜 걸음 하셔서 식물인 산호까지 관리하시려고 합니까? 이건 식물학회 담당이라고요."

"계속 이런 식으로 고집을 피우신다면 저희는 하는 수 없이 법적으로 대응하겠습니다. 법이 심판해 주겠지요."

"누가 할 소리, 좋습니다. 생물법정에서 누가 옳은지 가려봅시다."

결국 이 싸움은 법정까지 가게 되었다. 아름다운 수지맨드라미는 동물일까, 식물일까? 그리고 이 수지맨드라미가 자라는 해안의 운영권은 누가 담당해야 하는 것일까?

수지맨드라미는 산호과의 동물이며
물고기 등을 잡아먹는 데 촉수의 독침을 이용합니다.

여기는 생물법정

수지맨드라미는 동물일까요?
식물일까요?
생물법정에서 알아봅시다.

재판을 시작합니다. 원고 측은 변론하세요.

판사님, 광합성은 식물이 하나요, 동물이
하나요?

광합성은 식물이 하는 작용이지요.

네, 그렇습니다. 광합성은 식물이 하는 작용입니다. 수지맨드
라미는 광합성을 할 뿐 아니라, 식물처럼 움직이지 않고 한
자리에 가만히 있습니다. 그래도 수지맨드라미가 동물이라고
할 수 있을까요?

피고 측은 반론하세요.

움직이지 않고 광합성을 한다고 해서 식물이라고 할 수 있을
까요? 해양생물학자 민수지 박사님을 증인으로 요청합니다.

호리호리하고 손과 발이 길쭉길쭉한 30대 여성이
증인석에 오른다.

안녕하십니까? 실례지만 무슨 일을 하고 계시죠?

저는 해양생물에 관한 연구를 하고 있습니다.

 그럼, 수지맨드라미에 대해서도 잘 아시겠군요.

 수지맨드라미에 대해서 오래 관찰하였죠.

 수지맨드라미는 대체로 어디에 삽니까?

 세계적으로 볼 때 수지맨드라미는 우리나라의 제주도 서귀포 앞바다에 많이 삽니다. 또한 쓰시마 섬에도 수지맨드라미가 모여 살지요.

수지맨드라미와 서귀포

수지맨드라미는 주로 서귀포 앞바다에 많이 사는데, 지금은 서귀포 앞바다의 개발로 인해 그 수가 많이 줄어들었다. 가까운 일본에서는 쓰시마 섬에 수지맨드라미가 많이 살고 있다.

 우리나라에 수지맨드라미가 많이 살고 있다니 놀랍군요. 그럼, 수지맨드라미의 모양을 자세히 설명해 주시겠습니까?

 수지맨드라미는 가지 끝에 여덟 개의 촉수를 가진 폴립이 모여 있는데 몸과 가지 윗부분에 모여 있는 폴립이 육지에 있는 맨드라미꽃처럼 예뻐서 이런 이름이 붙었습니다.

 수지맨드라미가 맨드라미꽃처럼 식물입니까?

 수지맨드라미는 맨드라미꽃보다 예쁘지만, 식물이 아닌 동물입니다.

 그건 왜죠?

 수지맨드라미는 산호과의 동물이니까요. 즉, 수지맨드라미는 여러 개의 폴립으로 이루어져 있습니다. 하나하나의 폴립마다 각각 먹이를 소화하는 기능과 양분을 흡수하는 기능, 그리고 자손을 늘리는 생식 기능까지 모든 기능을 할 수 있습니다.

먹이는 어떻게 잡죠?

촉수를 이용합니다.

구체적으로 어떻게 잡는지 설명해 주세요.

수지맨드라미는 낮에는 촉수를 오므렸다가 밤이 되어 어두워지면 촉수를 크게 펼쳐서 먹이를 유인하지요. 그러다가 물고기나 다른 바다 속의 생물들이 촉수를 건드리면 독침을 쏘아서 물고기를 죽입니다. 그리고는 촉수로 잡아 입으로 먹지요.

그럼 배설은 어떻게 하죠?

수지맨드라미는 항문이 따로 없기 때문에 소화시키고 남은 찌꺼기를 다시 입으로 내보냅니다.

지저분하군요.

그렇게 볼 수도 있지요.

어떤 먹이를 좋아하죠?

동물성 플랑크톤처럼 아주 작은 생물이나 게, 작은 물고기 등입니다.

그러니까 수지맨드라미의 촉수를 조심해야겠군요. 독침까지 있다니. 그리고 정말 수지맨드라미가 동물이었군요.

판결합니다. 수지맨드라미는 식물이 아닌 동물입니다. 그러

므로 동네 해안 운영권은 동물학회에 있지만, 동물학회는 주민들에게 불편을 주어서는 안 되고, 수지맨드라미를 이용한 산업으로부터의 이익은 마을 주민 모두에게 돌려주세요. 이상으로 재판을 마칩니다.

재판이 끝난 후, 결국 동네 해안 운영권은 동물학회에서 가져갔다. 그 후 동물학회에서는 수지맨드라미를 이용한 관광 산업에 대한 아이디어로 관광 사업을 시작했고, 그 이익은 마을 주민들에게도 돌아와 마을 주민들에게 수지맨드라미는 효자 동물이 되었다.

 폴립

폴립(Polyp)이란 산호류나 해파리류를 포함한 강장동물의 기본적인 몸 형태를 말하는 것이다. 강장동물은 일반적으로 몸이 원통형이고 입 주위에 촉수들이 배열되어 있으며, 입을 통해 먹은 먹이를 몸 속의 빈 공간에서 소화시켜 다시 입으로 찌꺼기를 배출한다.

물고기 살려!

말미잘의 촉수는 어떤 역할을 할까요?

30대 중반이 넘도록 시집도 가지 않고 혼자 사는 순애 씨는 항상 입버릇처럼 이렇게 이야기하곤 했다.

"시집은 무슨 시집이야. 그냥 아무에게도 구속받지 않고 자유롭게 인생을 즐기면서 살아도 짧은 삶인데."

그러나 다른 사람들은 아무도 순애 씨의 이런 말을 믿지 않았다. 오히려 이렇게 이야기하고 다니는 순애 씨를 불쌍하게 여길 따름이었다.

이런 순애 씨에게는 특이한 애완동물이 하나 있었다. 그것은 바로 말미잘이었다. 순애 씨 집의 거실 오른쪽 벽에 그 말미잘을 위해 커다란 수족관이 준비되어 있었고, 혼자서 쓰기엔 넓디넓은 그 수족관을 순애 씨의 말미잘이 혼자서 차지하고 있었다. 순애 씨는 이 말미잘을 마치 자신의 자식인 양 아꼈다. 말미잘을 위해서 그 구하기 힘들다는 작은 새우를 사오는가 하면, 주말에는 말미잘의 수족관을 청소하느라 밖에는 나가지도 않았다.

"순애야, 날씨도 좋은데 우리 드라이브나 가자. 가서 고기도 먹고 산책도 하고 오면 좋잖아. 주말에 약속 없지?"

이렇게 친구에게 전화가 올 때마다 순애 씨는 말미잘을 돌봐줘야 한다며 약속을 거절했다.

"나 약속 있어. 우리 말순이(말미잘의 애칭)랑 놀아줘야 해. 일하느라 이번 주는 제대로 돌보지도 못했어. 미안해."

순애 씨에게 말순이는 단연 1순위의 친구였다. 이런 말미잘과 순애 씨의 인연은 작년 여름 바닷가에서 시작되었다. 순애 씨가 친구들과 함께 바닷가에 놀러 갔다가 파도에 휩쓸려 얕은 물가로 밀려 올라온 말미잘을 발견한 것이었다. 투명한 젤리 같기도 하고 문어와 비슷한 모양을 한 희한한 모습의 말미잘을 보고 순애 씨는 한눈에 반하고 말았다. 그래서 집까지 가지고 오게 된 것이다.

그러던 어느 날, 순애 씨는 세미나 참석을 위해서 일주일간 싱가포르로 출장을 가게 되었다. 오랜만에 가는 해외여행이라 설레기도 했지만, 마냥 기쁠 수만은 없었다. 말순이를 집에 일주일이나 혼자 두어야 하는 것이 걱정이 되었기 때문이다. 그래서 고민

끝에 순애 씨는 집 근처 수족관에 말순이를 맡기기로 하였다. 싱가폴로 떠나는 날 아침, 순애 씨는 말순이를 조심스럽게 들고 수족관으로 향했다.

"죄송합니다, 아저씨. 제가 일주일동안 집을 비우게 돼서요. 애를 혼자 둘 수도 없고 해서 이렇게 부탁드리는 거니까 잘 돌봐 주세요. 관리비는 제가 하루에 5,000달란씩 챙겨 드릴게요."

"거참, 신기하네. 순애 씨 혹시 이 말미잘 돌보느라 시집도 못간 거 아니에요? 하하하! 걱정 말고 여행 잘 하고 오세요. 제가 잘 돌봐줄 테니. 수족관에 놀러 오는 손님들이 아주 좋아하겠는 걸요. 간만에 신기한 구경거리 생겼다고."

"얘가 조금 예민하거든요. 그러니까 너무 사람들 손 타게 하지 말고 되도록 조용한 데 뒀으면 좋겠어요. 제가 정말정말 아끼는 거니까 잘 돌봐 주세요."

"알았어요, 알았어. 하하하하."

순애 씨는 그제야 마음을 놓고 싱가포르로 떠났다. 순애 씨가 떠나고 며칠 동안은 아무런 일도 없었다. 하지만 일은 나흘째 되는 날 시작되었다. 말미잘에 대해서 아는 것이 없었던 수족관 주인 아저씨는 말미잘을 작은 물고기들을 키우는 수족관에 함께 넣어 놓았었다. 그런데 날이 갈수록 그 많던 물고기의 숫자가 줄어드는 것이었다.

"이상하네. 물고기가 왜 이렇게 없는 거지. 말미잘이 먹었을 리

도 없고. 내가 잘못 봤나?"

수족관 아저씨는 자신의 눈을 의심하며 물고기 숫자가 줄어드는 것을 하루하루 지켜보아야만 했다.

일주일이 지나고 순애 씨는 자신의 말미잘을 만나기 위해 기쁜 마음으로 수족관에 갔다. 순애 씨를 보자마자 수족관 아저씨는 순애 씨에게 하소연을 했다.

"아이고! 순애 씨, 잘 왔어. 내가 말미잘 때문에 맘고생을 어찌나 했는지. 글쎄 순애 씨 말미잘이 우리 수족관에 들어온 뒤부터 계속 물고기 숫자가 줄어드네. 이런 말 하긴 뭣하지만 순애 씨가 물고기 값을 배상해 줘야겠어. 하루에 5,000달란으론 턱도 없다고."

이 말을 들은 순애 씨는 너무 어이가 없었다.

"뭐라는 거예요? 당연히 말미잘이랑 새끼 물고기는 같이 넣지 말았어야죠. 그건 상식 아닌가요? 수족관 한다는 사람이 그것도 몰라요? 물고기랑 말미잘이랑 같이 넣은 건 아저씨니까 그건 아저씨 탓이죠. 제가 왜 물어 줘야 하나요?"

"아니, 뭐라고? 순애 씨 그렇게 안 봤는데 이럴 수 있어? 얼른 보상해!"

"싫어요. 제가 왜요? 아저씨가 잘못했으니까 아저씨가 알아서 하세요. 그리고 제 말미잘 빨리 주세요."

"물고기 값을 배상하지 않으면 하는 수 없지. 생물법정에 고소하는 수밖에!"

말미잘은 화려한 촉수로 지나가는 물고기를 유혹하여
촉수에 있는 자포의 독으로 물고기를 잡아먹습니다.

말미잘이 물고기를 잡아먹을까요?
생물법정에서 알아봅시다.

 재판을 시작합니다. 원고 측 변론하세요.

원고는 피고로부터 일주일 동안 맡아 달
라는 부탁을 받았습니다. 피고는 말미잘
을 맡길 때 사람들 손 안 타는 조용한 곳에서 돌봐 달라는 부
탁 이외에 다른 말은 않고 원고에게 말미잘을 맡겼습니다. 피
고는 원고가 수족관을 운영하기에 말미잘에 대해 잘 알 것이
라는 생각으로 다른 말을 하지 않았던 걸까요? 결국 원고의
물고기는 한 마리씩 줄어들어 갔습니다. 이에 대한 배상을 요
구합니다.

 피고 측 반론하세요.

 판사님, 증인으로 피고인을 신청합니다.

 피고인을 증인으로 세우다니요!

 피고는 말미잘에 대한 애정과 관심이 많고, 이 사건의 당사자
로써 사건을 정확히 이해하고 있기에 피고를 증인으로 신청
합니다.

 피고는 증인석에 올라 주십시오.

깔끔한 옷차림을 한 30대 중반의 여성이 증인석에
올랐다.

증인은 본인이 키우는 애완동물, 말미잘을 소중히 여깁니다.
그렇죠?

네.

말미잘을 가족처럼 대하며 돌보고 계시죠?

말순이는 제 가족입니다.

언제부터 말미잘을 키웠죠?

작년 여름부터니깐 거의 1년 됐습니다.

그럼 말미잘에 대해 잘 아실 텐데, 말미잘은 무엇을 먹나요?

말미잘은 작은 물고기나 플랑크톤을 먹고 삽니다.

이러한 사실을 알고도 피고는 원고에게 말미잘을 맡길 때에
아무런 말을 해 주지 않았습니다. 혹시 말미잘이 어떤 동물인
지 설명해 주시겠습니까?

말미잘은 입과 항문이 하나인 자포동물의 일종입니다.

수지맨드라미와 같은 종류군요.

수지맨드라미도 자포동물이니까요. 자포동물의 가장 큰 특징
이 입과 항문이 같다는 것입니다.

말미잘은 촉수가 화려한데, 어떤 역할을 하죠?

말미잘의 화려한 촉수는 지나가는 물고기를 유혹하여 잡아먹

는 도구로 사용됩니다. 말미잘은 민감한 동물이지요. 그래서 화려한 촉수를 뽐내다가도 위험을 느끼면 순식간에 촉수를 몸통 속으로 거두어들여 화려함을 감추고 뭉툭한 원통형의 몸통만 남깁니다.

 말미잘의 촉수는 위험한가요?

 말미잘의 촉수가 화려하고 매력적이라고 해서 함부로 건드렸다가는 혼쭐납니다. 이들 촉수에는 독을 지닌 자포가 있어 침입자나 먹잇감이 접근하면 총을 쏘듯이 발사되기 때문이지요.

 자포의 독은 어느 정도죠?

 자포가 지니는 독성은 작은 물고기를 즉사시킬 정도입니다. 사람도 피부에 직접 닿으면 피부에 붉은 자국이 생기고 심하면 호흡을 잘 못하게 되지요.

 이러한 촉수로 수족관 속의 물고기들을 한 마리씩 잡아먹었단 말이군요. 판사님, 피고는 사실 말미잘의 먹이 및 습성에 대해 자세히 알고 있었습니다. 그러나 피고가 말미잘을 맡긴 곳은 여느 가정집이 아닌 수족관입니다. 해양생물에 대한 지식을 누구보다도 잘 알고 있어야 할 곳이 아닙니까? 그리고 주인은 물고기가 한 마리씩 없어지는 것을 보고도 말미잘을 다른 물고기에게서 격리시키지 않았습니다. 먼저 손을 썼더라면 물고기가 이렇게 많이 죽는 일도 없었을 것입니다.

 판결을 내리도록 하겠습니다. 이번 사건에서 피고는 수족관

측에 말미잘을 맡기면서 주의사항을 일러 주지 않았으며, 원고 측은 물고기가 없어지는 것을 알고도 방치해 두었습니다. 그러므로 피고 측은 원고 측의 물고기 값을 반만 배상하십시오. 이상으로 재판을 마치겠습니다.

재판이 끝난 후, 순애 씨는 수족관 아저씨에게 미리 알려주지 않은 것에 대해 사과를 하고 죽은 물고기 값의 반을 배상했다. 그 후로도 순애 씨의 말순이 사랑은 끝이 없었고, 말순이를 사랑해 줄 수 있는 남자가 아니면 결혼하지 않겠다는 마음까지 먹었다고 한다.

말미잘

말미잘이라는 이름은 항문에서 유래되었다. 즉, 말미잘의 촉수가 말려 들어간 부분이 항문과 비슷하게 생겼기 때문에 붙은 이름이다.

해파리! 상어보다 무서워요!

해파리를 잘못 만지면 어떻게 될까요?

이곳은 일봉 아사카라는 도시이다. 아시카는 예로부터 싱싱한 회로 유명한 곳이기에 많은 사람들이 초밥과 회를 먹기 위해 이 도시로 몰려들었다. 아사카에 있는 많은 횟집 중에서도 가장 으뜸인 가게는 〈날로먹기〉 횟집이었다. 〈날로먹기〉 횟집은 늘 갓 잡아 올린 신선한 회로 사람들의 인기를 독차지했다. 아사카에서 가장 유명한 횟집이 〈날로먹기〉라면 가장 유명한 초밥집은 〈스시1000〉이었다. 〈스시1000〉 역시 싱싱한 회와 빼어난 기술로 환상적인 맛의 초밥을 선보이는 가게였다. 〈날로먹기〉와 〈스시1000〉 가게는 서로 사이가 좋았지만 항상 자기 가게의 인기가 더 많다며 서로 자랑하곤 했다.

"이봐, 〈스시1000〉! 오늘 자네 가게는 손님 몇 명이나 왔나? 오늘 우리 가게는 개업한 이래 이렇게 붐빈 적이 없었어. 오늘 하루 동안 무려 2000명이 넘는 손님이 다녀갔다고. 어때? 이래도 우리보다 손님이 많다고 자랑할 텐가?"

"뭐? 2000명? 후후, 그게 제일 많이 온 날인가? 우리는 2000명은 기본이네 그려."

"뭐라고? 왜 자네 가게 손님이 기본 2000명인 줄 아나? 다 우리가게 손님일세. 우리 가게 손님들이 초밥집을 추천해 달라기에 내가 자네 가게를 추천했지 않나. 다 내 덕일세 그려. 후후."

그런데 어느 날부터 〈날로먹기〉의 손님들이 줄어 갔다.

"아니, 왜 이렇게 손님이 줄지? 요즘 사람들이 더위를 타서 밖으로 안 나오는 건가?"

"사장님, 아사카 바닥에 이상한 소문이 돌고 있습니다."

"이상한 소문? 설마 우리 회가 싱싱하지 못하다거나 누가 우리집에서 음식을 먹고 식중독을 일으켰다는 그런 건 아니겠지?"

"그게 아닙니다. 요즘 〈스시1000〉에서 초밥만 파는 게 아니라회도 같이 팔고 있다고 합니다."

"뭐야?? 〈스시1000〉이 그렇게 나오면 안 되지! 감히 누구 영역을 침범해? 그래, 장사는 잘 된다고 하더냐?"

"손님이 두 배로 늘었다고 합니다. 당연하죠, 보통 가족 손님이 오면 아이들은 회보다 초밥을 많이 찾지 않습니까? 그리고 부모님들은 회를 즐겨 드시구요. 그러니까 서로 어디 가자고 싸울 것 없이 〈스시1000〉으로 간답니다."

"뭐야? 그럼 우린 이제 어떻게 해야 해? 이대로 지켜만 볼 수는 없지 않은가?"

"저희는 〈스시1000〉에 없는 메뉴를 고안해 내야 합니다. 우리 〈날로먹기〉만의 특별한 메뉴 말이죠."

"음…, 뭐가 좋을까? 그럼, 우리도 스시를 만들어 버려? 아냐, 그랬다간 따라쟁이가 되는 거잖아! 사나이 자존심이 있지!"

"사장님, 해파리 무침은 어떻습니까? 저희 일봉에서는 아직 알려지지 않은 음식이지만 저기 한쿡이라는 나라에서는 많은 사람들이 즐겨 먹는다고 합니다."

"오? 한쿡? 난 한쿡을 너무 좋아해. 거긴 예쁜 여자들과 잘생긴 남자들이 아주 많거든. 후후. 그리고 한쿡 요리 중에서 김치도 너무 맛있잖아. 후후. 그래, 그럼 해파리 무침은 어떻게 만드는 것인가?"

"우선 싱싱한 해파리를 구해 와서 칼로 잘게 자른 뒤에 오이, 당근, 버섯, 게살 등을 채 썰어 넣고 겨자 소스로 버무리면 됩니다. 톡 쏘는 맛이 일품이라고 합니다. 사장님, 입에 침이 고이지 않습니까?"

"벌써 침이 흘러내리는구나. 흐흐. 그럼 우리 해파리 무침으로 승부를 걸어보자. 그런데 해파리는 어디에서 구하지?"

"마침 제가 아는 선장이 해파리가 많은 바다를 안다고 하니 내일 새벽에 사장님께서 따라 나가 보시는 게 좋을 것 같습니다."

"뭐라고? 내가 손수 나가? 이거 왜 이래? 나 사장이야."

"아니, 사장님! 제가 새벽에 나가면 가게 청소는 누가 하고, 요리 준비는 누가 합니까? 일도 하나도 안 하면서…."

"알았다, 알았어! 내가 나가지!"

사장은 다음 날 새벽, 부둣가로 나갔다. 그곳엔 노인 한 명이 서 있었다.

"당신이 해파리가 많은 바다를 알고 있다는 선장이요?"

"그렇소. 안 그래도 출발하려고 했소. 얼른 타시오."

"타라니? 어디에? 배라곤 안 보이는데."

"여기 보트가 있잖소. 얼른 올라타시오."

사장의 눈앞에 있는 것은 자그마한 보트 한 척이었다.

"여기 타라고? 이거 바다에 빠지는 것 아냐? 거참, 선장이라더니 보트 선장이구만."

사장은 구시렁거리며 보트에 올랐다. 그리고 곧 사장과 선장은 보트를 타고 바다로 출발했다.

"이쯤이 해파리가 많은 지역이오. 자, 어서 필요한 만큼 잡으시오."

그러자 사장은 자신이 챙겨 온 낚싯대를 주섬주섬 꺼내기 시작했다. 그것을 보고 선장을 몸을 뒤로 젖혀 크게 웃었다.

"설마 낚싯대로 해파리를 잡으려는 건 아니겠지?"

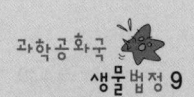

"웬걸요. 해파리 잡으려고 낚싯대 챙겨온 건데?"

"이런, 해파리는 그렇게 잡는 것이 아니오. 바로 이렇게 잡는 거지."

말이 끝나기가 무섭게 선장은 바다로 그물을 던졌다. 그리곤 조금 시간이 흐른 후 그물을 건지니 그물 안에는 해파리가 가득했다.

"자, 어디 한번 해파리를 만져 보겠소?"

사장은 선장의 말에 하늘거리는 해파리를 손으로 만졌다.

"아얏!"

사장은 해파리를 손으로 만지다가 그만 손에 독이 올랐다.

"아이고, 아파라. 뭐야? 이거 손에 독이 올랐잖아! 이 선장, 뭔가 수상했어. 이 작은 보트하며! 일부러 나에게 독을 오르게 하기 위해서 해파리를 만지라고 했지? 아, 알겠다. 너 〈스시1000〉의 수하구나! 그렇지?"

"무슨 소리를 하는 지 모르겠수다."

"무슨 소리를 하는 지는 법정 가서 알면 돼! 당장 고소해 버릴 테다!"

사장은 아픈 손을 부여잡고 길길이 날뛰다가 곧장 생물법정에 선장을 고소했다.

해파리는 삿갓처럼 생긴 몸체 가장자리에 촉수가 나 있는데,
이들 촉수 표면에는 독이 있는 자세포가 있으므로 주의해야 합니다.

해파리는 얼마나 무서운 동물일까요?
생물법정에서 알아봅시다.

 재판을 시작합니다. 피고 측 변론하세요.

 원고는 해파리를 잡으려고 피고를 찾아왔

습니다. 그런데 해파리를 잡는 데 낚싯대

를 가지고 올 만큼 원고는 해파리에 대해 아무 것도 몰랐습니

다. 그래서 원고가 해파리를 정말 신기해하기에 피고는 원고

에게 만져 볼 것을 권유한 것뿐입니다. 저희 피고는 여태껏

해파리를 잡아 왔으나 한 번도 해를 입은 적이 없습니다. 피

고는 억울합니다.

 원고 측 변론하세요.

 판사님, 국내 최고의 해파리 박사인 초파리 박사님을 증인으

로 요청합니다.

배가 불룩하고 얼굴에 인상을 팍 쓰고 있는 40대 후
반의 남성이 들어섰다.

 해파리를 전문적으로 연구하신다면서요?

 예, 그렇습니다.

해파리는 어떤 동물인가요?

 해파리는 자포동물입니다. 해파리는 산호나 말미잘과 같이 강장을 가지고 있습니다. 이들은 삿갓같이 생긴 몸체 가장자리에 촉수가 나 있으며, 몸체는 바깥쪽과 안쪽 두 개로 나뉘어져 있습니다.

 해파리는 어떻게 움직이지요?

 작용과 반작용에 의한 이동과 조류에 의한 이동을 합니다.

 그게 무슨 말이죠?

 해파리는 근육 수축을 통해 아래쪽으로 물을 밀어내면서 그 반작용으로 이동합니다. 그러니까 풍선을 불었다가 놓으면 공기가 빠져 나가는 것에 대한 반작용으로 풍선이 날아가는 것과 같은 이치죠. 그러나 이러한 반작용은 해파리를 움직이게 하는데 턱없이 부족합니다. 그래서 해파리는 대부분의 이동을 조류의 흐름에 의존합니다. 이렇게 스스로 움직이기보다 물의 흐름에 의해 수동적으로 움직이는 것을 플랑크톤이라고 부릅니다. 해파리도 플랑크톤에 해당되지요. 즉, 해파리는 동물성 플랑크톤입니다.

 플랑크톤치고는 너무 큰 거 아닌가요?

 플랑크톤을 보통 현미경으로나 관찰할 수 있는 작은 개체라고 생각하지만, 해파리처럼 덩치가 큰 플랑크톤도 있습니다. 아마 플랑크톤 중에서 해파리가 가장 클 겁니다.

 해파리가 독을 가지고 있습니까?

 해파리는 삿갓처럼 생긴 몸체 가장자리에 촉수가 나 있는데, 이들 촉수 표면에는 독이 있는 자세포가 있습니다. 해파리는 운동성이 약해 조류나 파도를 타고 흐느적흐느적 움직이기만 할 뿐 사람을 보고 피하거나 스스로의 의지로 방향을 바꿀 수 없기 때문에 더욱 위험한 건지도 모릅니다. 마치 럭비공 같다고 해야 하나요? 우리나라 근해에서 발견되는 해파리도 위험하지만, 오스트레일리아 근해에서 발견되는 상자해파리의 경우는 촉수에 맹독 성분을 가지고 있어 쏘이면 목숨을 잃을 수도 있습니다. 전 세계적으로 볼 때 매년 상어에 의해 목숨을 잃은 경우보다 해파리에 쏘여서 목숨을 잃는 사람이 더 많다고 합니다. 그 정도로 해파리의 독은 위험합니다.

 이처럼 위험한 독이 있는 해파리를 피고는 저희 원고에게 만져 보라고 하셨습니다. 독이 있다는 것을 알고 있으면서도 말입니다. 얼마나 위험합니까? 판사님, 원고가 입은 정신적, 신체적 피해에 대한 배상을 요구합니다.

 으흠, 판결합니다. 해파리의 독을 간과한 피고 측에 책임을 물을 수밖에 없겠군요. 피고는 원고에게 정신적 피해에 대한 배상을 하도록 하십시오. 이것으로 재판을 마치겠습니다.

재판이 끝난 후, 선장은 사장에게 사과를 했다. 또한 판결대로

배상을 해 주었는데, 다름 아닌 해파리 1000마리를 주었다. 공짜로 해파리 1000마리를 얻게 된 사장은 그 해파리로 해파리 무침을 해서 팔았고, 해파리 무침의 맛을 본 손님들이 점점 주변 사람들을 데리고 오면서 〈날로먹기〉는 예전과 같은 인기를 찾을 수 있었다고 한다.

작용과 반작용

두 물체 사이에서 한 물체가 다른 물체에 힘을 작용하면 다른 물체도 그 물체에 크기가 같은 힘을 반대방향으로 작용한다. 이때 하나의 힘을 작용이라고 하고 그와 반대 방향으로 작용하는 힘을 반작용이라고 부른다.

아름다운 식물 히드라

히드라는 식물일까요?

사건속으로

미스터 박의 별명은 책벌레이다. 그는 친구도 만나지 않고, 노는 것도 싫어했다. 그는 아침에 눈을 뜨면 바로 씻고 일어나 서점으로 달려가는 괴짜였다. 그리곤 책 한 권을 들고 서점 바닥에 퍼질러 앉아서 주위 시선도 아랑곳하지 않고 책만 읽었다. 그러기를 벌써 3년이 지났다. 처음엔 미스터 박의 엄마도 끼니를 걱정했지만, 이젠 아예 점심 도시락을 싸 주었다. 미스터 박은 책을 읽다가 배가 고프면 도시락을 들고 서점 앞 벤치로 나가 도시락을 비우고 다시 서점으로 들어 와 책을 읽었다.

미스터 박이 원래부터 그랬던 것은 아니었다. 고등학교 2학년 때, 미스터 박의 학교에서 〈도전 실버벨〉이라는 프로그램을 촬영하게 되었다. 원래부터 책을 많이 읽어 상식이 풍부했던 미스터 박은 반 대표로 〈도전 실버벨〉에 나가게 되었다. 〈도전 실버벨〉은 각 반 대표들이 모여 퀴즈를 푸는데, 틀리면 그 자리에서 탈락하고 끝까지 살아남는 자가 우승자가 되는 프로그램이었다. 상금은 그 반 전체에 도토리 5000개가 제공되었다. 미스터 박은 자신이 있었다. 예전부터 책을 많이 읽어서 다른 학생들 누구보다도 상식이 풍부하다고 자신했기 때문이다.

"자, 〈도전 실버벨〉을 시작합니다. 각 반 대표들은 자리에 앉아 주십시오. 문제 내겠습니다. 첫 번째 문제! 농구는 몇 명이 하는 운동입니까?"

아이들은 자신 있게 답을 써 내려갔다. 하지만 미스터 박은 헷갈려서 어쩔 줄을 몰랐다.

'5명인가, 11명인가 잘 모르겠네. 아, 왜 이렇게 축구랑 헷갈리지? 한 번도 농구를 해 본 적이 없으니 알 수가 있어야지.'

미스터 박은 고민을 하다가 결국 11명 이라고 썼다. 답을 확인하는 순간 미스터 박 빼고 모두 1단계를 통과했다는 것을 알았다. 안타깝게도 미스터 박 혼자 1단계에서 떨어지고 만 것이다. 반 친구들은 '어떻게 저걸 모르지?' 라며 황당해 하는 눈빛으로 미스터 박을 쳐다보았다. 미스터 박은 1단계에서 탈락한 자신이 너무나 부끄러웠다.

"안되겠어. 나는 그동안 내가 책을 많이 읽었다고 자만했던 거야. 내 상식은 턱없이 모자라. 더 많은 책을 읽어야 해."

그 뒤부터 미스터 박은 서점에서 살기 시작했다. 미스터 박이 서점에 죽치고 앉아서 책을 읽자 처음에는 그러려니 했던 서점 직원들도 1년이 지나니 도저히 그냥 보아 넘길 수가 없었다.

"저기, 손님. 저희 서점에서 책을 읽는 건 물론 허용되어 있습니다. 하지만 1년 동안 책은 한 권도 구입하지 않으시고 이렇게 서점에 죽치고 앉아서 책만 읽으시면 어떡합니까? 그만 나가 주십시오."

"아니, 서점에서 고객한테 이래도 되는 겁니까? 저는 나갈 수 없어요."

그렇게 미스터 박은 끝까지 서점에서 책을 붙들고 있었다.

"하는 수 없죠. 경비를 부르는 수밖에. 경비 아저씨, 이 분 좀 밖으로 안내해 드려요."

그렇게 미스터 박은 서점 밖으로 끌려 나갔다. 끌려 나온 미스터 박은 이 서점이 너무 괘씸하고 속상해서 서점 대표에게 전화를 했다.

"아니, 고객이 서점에서 책 좀 읽는다고 이렇게 경비를 불러 내쫓는 법이 어디 있습니까? 한 번만 더 그러면 당장 인터넷에 떠들어 버릴 테니 그렇게 아세요."

그리고는 당당히 서점 안으로 들어가 또다시 책을 읽었다. 그

뒤부터 서점에서 미스터 박을 건드리는 사람은 아무도 없었다.

미스터 박은 서점에서 온갖 다양한 서적들을 닥치는 대로 읽었다. 책을 읽으면 읽을수록 새로운 지식이 쌓여갔다.

"이번 주 베스트셀러는 뭐지? 《아름다운 바다 식물 히드라》라?"

미스터 박은 그 책을 빼서 그 자리에 털썩 주저앉아 읽기 시작했다.

"오, 이 책은 바다 속 히드라에 대해 정말 설명이 잘 되어 있군. 과연 베스트셀러야. 왜 사람들은 바다 생물이 궁금하면 바다로 갈까? 이렇게 책을 보면 다 알 수 있는데 말이야."

그날 밤 집으로 돌아온 미스터 박은 자신이 운영하는 인터넷 사이트인 '독서후기'에 글을 올렸다. '독서후기'에는 이미 몇 천 명이 넘은 회원들이 접속하고 있었다. 미스터 박이 3년 동안 독서 후기를 꾸준히 써 온 노력의 결과였다.

오늘 읽은 책은 《아름다운 바다 식물 히드라》이다. 이 책은 바다 속 히드라에 대한 설명이 아주 잘 되어 있는 것 같았다. 책을 읽으니 히드라를 본 적도 없는 내가 히드라에 대해 속속들이 알게 됐다는 생각을 가지게 되었다. 하지만 히드라는 식물이 아닌데 지은이는 왜 《아름다운 바다 식물 히드라》라고 하였을까?

미스터 박이 《아름다운 바다 식물 히드라》의 독서 후기를 자신

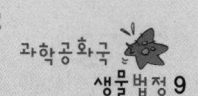

의 사이트에 올리자마자 조회수가 급격하게 올라가기 시작했다. 이 글을 읽은 사람들은 작가에게 항의 메일을 보냈다.

"히드라가 식물이 아닌데 왜 식물이라고 하셨나요? 당신 때문에 헷갈릴 뻔 했잖아요."

"글을 쓰려면 좀 자세히 알아보고 쓰세요. 히드라가 식물이 아니라면서요?"

하루에도 수십 통씩 작가와 출판사의 이메일로 항의 메일이 왔다. 도저히 참다못한 출판사 측은 이 일이 어디에서부터 시작된 것인가 조사하기 시작했다. 그리고 미스터 박을 생물법정에 고소했다.

히드라는 히드로충이라는 자포동물이 모여 군집을 이룬 동물입니다.

과학공화국
생물법정 9

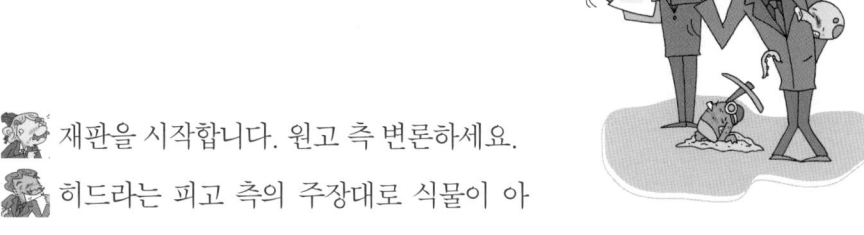

히드라는 식물일까요? 동물일까요?
생물법정에서 알아봅시다.

재판을 시작합니다. 원고 측 변론하세요.

히드라는 피고 측의 주장대로 식물이 아

닌 동물입니다. 그러나 원고는 책을 쓰는

작가입니다. 글을 쓸 때는 다른 사람에 비유해서 쓰기도 하고

의인화하기도 합니다. 만약 이런 작가적 기법이 죄가 된다면

모든 작가들이 죄를 받아야 합니까?

피고 측 변론하세요.

히드라 마니아인 히드로 씨를 증인으로 요청합니다.

머리가 폭탄 맞은 것을 연상시키는 한 여성이 증인

석에 올랐다.

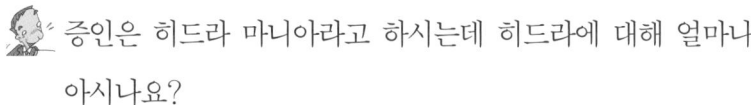

증인은 히드라 마니아라고 하시는데 히드라에 대해 얼마나

아시나요?

히드라가 제 전부라고 할 만큼 많은 것을 알고 있다고 자부합

니다.

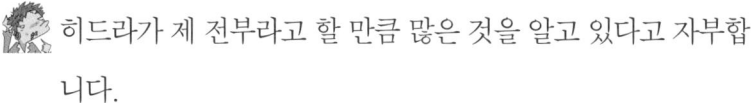

그럼, 히드라는 동물인가요? 식물인가요?

히드라에 대해 설명해 드리죠. 히드라는 히드로충이라는 자포동물이 모여 군집을 이룬 것입니다. 수많은 히드로충이 모인 히드라는 붙어서 생활을 하는데, 가운데서 옆으로 뻗어 나간 줄기들에 나 있는 빗살 모양의 깃들이 마치 나뭇가지 모양 같아서 식물로 생각하기 쉽지요.

그럼 식물이 아닌가요?

식물처럼 생긴 동물이지요.

헌데 이름이 왜 히드라인가요? 참 특이하네요.

히드라는 독을 지닌 자세포를 가지고 있어 실수로 몸이 닿으면 화상을 입은 것처럼 쓰라린 상처가 납니다. 조류에 따라 움직이는 독을 가진 빗살 모양의 깃들이 신화에서 머리를 현란하게 움직이며 독을 뿜어내는 괴물 히드라를 닮았다고 해서 히드라라는 이름이 붙게 되었습니다.

으흠! 판사님, 원고 측은 동물인 히드라에 대해 책을 내면서 《아름다운 바다 식물 히드라》라는 제목으로 독자들을 헷갈리게 하였습니다. 원고는 먼저 독자들에게 사과를 해야 하지 않을까요?

아름다운 바다 식물 히드라, 책을 읽는 독자로서는 오해하고 헷갈리기 쉽지만 이것은 글을 쓰는 작가의 나름의 표현 방식이라고 생각합니다. 또한, 독자들은 책의 제목만 읽는 것이 아니라 책의 내용을 읽기에 책을 정확하게 읽은 독자라면 헷

갈리지도 오해하지도 않을 것이라고 봅니다. 피고의 글로 인하여 피고가 운영하는 홈페이지의 회원들이 원고 측에 입힌 피해가 극심히 크지만, 피고가 사과의 글을 쓰고 썼던 글을 지우도록 하는 정도로 사건을 마무리하겠습니다. 이상으로 재판을 마칩니다.

재판이 끝난 후, 미스터 박은 홈페이지에 사건의 정황과 함께 사과문을 올렸다. 책을 제대로 읽지 않은 것에 대해 창피함을 느낀 미스터 박은 그 이후로는 꼼꼼히 책을 읽으려고 더욱 더 오래 서점에 머물렀고, 그 덕분에 서점 사람들은 더욱 더 화를 삭여야만 했다.

히드라

히드라는 빗살 모양의 흰 깃들이 나뭇가지 모양을 하고 있어서 흔히 식물처럼 보이지만 동물이다.

자포동물

자포는 가시가 있는 세포라는 뜻인 그리스어의 '나이더'에서 유래된 말입니다. 자포동물은 외부로부터 위협을 받거나 먹이를 잡을 때 독이 있는 자포를 이용하여 공격합니다. 자포 동물은 전 세계적으로 9천여 종류가 있으며 크게 산호충강, 해파리충강, 히드로충강으로 나눕니다.

말미잘

아네모네란 꽃이 있습니다. 봄바람을 타고 잠깐 피었다가 스쳐가는 바람결에 지고 마는 화려하지만 아주 연약한 꽃입니다. 그리스 신화에 나오는 미와 사랑의 여신 아프로디테는 자신의 아들인 에로스의 화살을 맞고 아도니스라는 청년을 사랑하게 됩니다. 신과 인간의 부질없는 사랑은 결국 아도니스의 죽음으로 막을 내리고, 슬픔에 젖은 아프로디테는 아도니스 몸에서 흘러나오는 피에 생명을 부여하여 아네모네 꽃을 피웁니다. 여기서

과학성적 끌어올리기

아네모네는 그리스어의 아네모스(바람)에 어원을 둡니다. 그런데 말미잘을 바다 아네모네(Sea anemone)라고 부릅니다. 말미잘이 무성한 곳을 찾으면 조류에 하늘거리는 촉수의 화려함이 마치 한 떨기 꽃을 보는 듯합니다.

말미잘의 화려함에 유혹되어 잘못 건드렸다가 고생하다 보면 아네모네의 꽃말인 '사랑의 괴로움'을 실감하게 됩니다.

산호

산호는 대표적인 자포동물의 일종입니다. 산호는 18세기까지만 하더라도 식물로 간주되거나, 또는 석회질로 이루어져 있어 광물로 간주되었습니다. 하지만 산호는 암수가 한 몸을 이루어 바다에 정자를 뿌려 알을 수정시키는, 산호충이라고 부르는 작은 동물들이 모여서 만들어진 것입니다. 산호충은 입에 붙어있는 많은 촉수를 이용하여 플랑크톤을 잡아먹고 삽니다.

산호충은 낮에는 촉수를 오므리고 있다가 밤이 되면 펼쳐 놓고 산호 주위로 지나가는 먹이가 촉수에 닿기를 기다립니다. 그

후 촉수에 있는 독 자포를 발사하여 먹이를 기절시킨 다음에 입을 통해 강장으로 보냅니다. 강장에서 먹이를 소화시키고 남은 찌꺼기는 입을 통해 다시 내보내지요. 산호충의 자포에는 아주 적은 양의 독이 들어 있지만 사람이 공격을 당하면 피부가 붉게 변하는 증상을 보이게 됩니다.

전 세계의 산호들은 폴립에 따라 여러 가지 모양과 색을 띱니다. 산호는 어떤 동물의 공격을 받을까요? 열대 바다에 사는 앵무고기는 단단한 주둥이로 산호의 폴립을 공격하여 폴립의 석회질 가루를 날려 버립니다. 산호는 앵무고기 뿐만 아니라 불가사리로부터도 공격을 받습니다. 하지만 자연에서의 산호의 공격수들보다 더욱 무서운 적은 바로 인간입니다. 불법 산호 채취자들이 기승을 부리고 있기 때문이지요.

제3장

절지동물에 관한 사건

집게 – 집게와 고둥의 사랑

게 – 주황색으로 변해 버린 게

따개비 – 암컷과 수컷이 하나

갯강구 – 쓰레기 처리 담당 갯강구

집게와 고둥의 사랑

집게와 고둥이 서로 사랑하는 사이라고요?

잘살아보세 마을에 있는 단 하나의 학교인 열공 초등학교에 잔치가 벌어졌다. 비록 학생수가 15명에 선생님은 3명밖에 되지 않지만 그 선생님들 중 한 명인 김소설 선생님께서 이번에 《집게와 고둥의 사랑》이라는 책을 내고 발표를 앞두고 있었기 때문이다. 아이들과 동네 주민들은 마치 연예인이라도 난 듯 수업만 끝나면 김선생님께 축하의 말을 전하느라 야단법석이었다.

김소설 선생님도 이런 학생들과 마을 사람들의 관심과 기쁨이 나쁘지 만은 않은 듯하였다.

사실 김선생님께서는 오래 전부터 동화 작가가 되는 것이 꿈이라 여러 편의 동화를 틈틈이 써 오셨지만, 출판을 의뢰할 때마다 출판사 측에서는 주제가 신선하지 않다느니 글 솜씨가 떨어진다느니 하면서 받아들이길 거절했었다.

여러 번의 시도 끝에 이번 《집게와 고둥의 사랑》이라는 동화가 결국 출판을 눈앞에 두는 성과를 이루어 내게 된 것이다.

"아유! 김선생님, 책은 언제 나오나요? 진짜 우리 금순이가 너무 기대하고 있어요. 책 나오면 꼭 사인해 주셔야 합니다."

금순이 어머니께서 김선생님의 책 출간 소식에 축하의 말을 하셨다.

"네네, 감사합니다. 아마 다음 주 중에 책이 나올 것 같습니다. 사인은 당연히 해 드려야죠."

김소설 선생님도 책이 출간될 날만을 기다리면서 하루하루를 설레는 마음으로 보내고 있었다. 드디어 한 주가 지나고, 기다리고 기다리던 김선생님의 동화가 서점에 깔리기 시작하였다. 서점에 책이 들어오기가 무섭게 열공 초등학교 학생들은 김선생님의 동화를 하나씩 사 와서 김선생님께 내밀었다.

"선생님, 저 책 사왔어요. 사인해 주세요. 사진도 찍어서 붙일까요?"

말썽쟁이 민석이도 책을 샀다. 평소에는 그렇게 말도 안 듣고 수업도 집중하지 않던 녀석이 자기 선생님이 쓴 책이 서점에서 팔리니 신기한 모양이었다.

"선생님, 전 벌써 다 읽었는걸요. 너무너무 감동적이고 슬펐어요. 왜 집게 마을의 갑돌이와 갑순이는 사랑을 이루지 못했을까요? 한마을에 살았고 또 서로 좋아했는데도 말이에요."

예쁜 용실이도 이미 책을 다 읽었다며 자랑을 늘어놓았다.

게다가 김소설 선생님의 책은 아이들에게 사랑과 감동을 전해 주고 더불어 상상력을 길러 준다는 면에서 여러 초등학교에서 권장 도서로 선정되기도 하였다.

이렇게 동화가 출간된 후 김선생님의 하루하루는 꿈을 꾸는 듯 행복했다.

어느 날, 김선생님은 전화 한 통을 받았다.

"안녕하세요. 저는 다알아 신문사의 이기자입니다. 요즘 선생님의 동화 집게와 고둥의 사랑이 아주 큰 인기를 얻고 있는데요. 그래서 선생님의 이야기를 저희 신문에 싣고 싶습니다. 내일 인터뷰를 위해서 시간 좀 내어주실 수 있나요?"

"아, 물론이죠. 저야 영광입니다. 내일 아침 10시에 열공 초등학교로 오세요."

웬만큼 유명한 사람이 아니면 할 수 없다는 신문사 인터뷰를 김소설선생님이 하게 된 것이다. 선생님은 무척이나 들떴다.

다음 날 아침, 이기자는 김선생님을 방문하였다.

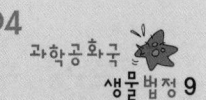

"아이구, 안녕하십니까? 선생님. 처음 뵙겠습니다. 어제 전화 드렸던 다알아 신문사 이기자입니다."

"안녕하세요, 반갑습니다. 제가 기자님께 무슨 이야기를 해드려야 할까요?"

"그냥 선생님이 책을 쓰게 되신 동기나 우여곡절들, 또 교편을 잡으시면서 있었던 일상적인 이야기들 같은 것도 해 주십시오."

김선생님은 한 시간 가량 자신의 이야기를 주저리주저리 늘어놓으셨다.

"감사합니다. 선생님께서 참 말도 잘하시네요. 다음엔 동화 작가 말고 연설가로 나서셔도 되겠어요. 선생님께서 해주신 이야기는 아마 모레 아침 신문에 실리게 될 겁니다."

"참 기대됩니다. 안녕히 가십시오."

그리고 이틀이 흘렀다. 아주 이른 아침에 민석이가 거의 신발을 신는 둥 마는 둥 하고서는 김소설 선생님 댁으로 뛰어 왔다.

"선생님, 선생님! 신문에 난 것 좀 보세요."

"왜? 신문에 실린 선생님 이야기 봤구나? 이놈 성격도 참 급하다."

"예? 선생님 이야기가 아니라 여기 어떤 나쁜 아저씨가 선생님 동화를 실컷 욕해 놨어요."

김선생님은 깜짝 놀라서 민석이 손에 있는 신문을 뺏어 들었다. 선생님의 이야기가 실릴 것이라던 그 자리엔 박증명이라는 웬

생물학자가 김선생님의 동화를 비판한 글이 대신 자리를 차지하고 있었다.

　김소설 선생님의 동화 《집게와 고둥의 사랑》은 말도 되지 않는 이야기이다. 집게가 고둥의 껍데기를 이용하는 것뿐이지 집게는 고둥을 결코 사랑하지 않는다. 물론 고둥도 마찬가지이다. 그러므로 집게와 고둥이 사랑한다는 설정은 생물학적인 견해로 볼 때 절대로 옳지 않다. 이 책은 집게와 고둥에 대해 자칫 어린아이들에게 생물에 대한 잘못된 지식을 심어줄 수 있으므로 더 이상 판매되어서는 안 된다고 생각한다. 이에 김소설 선생님의 동화 《집게와 고둥의 사랑》에 대해 출판 정지 가처분 신청을 의뢰하는 바이다.

　뜻밖의 글을 읽은 김소설 선생님은 너무나 화가 나서 이 글을 쓴 박증명 씨를 찾아가 따지기로 하였다.

　"박증명 씨, 신문에 실은 글에 대해서 사과해 주시죠. 왜 제 동화가 말도 안 된다고 생각하십니까? 집게와 고둥은 아주 사이좋게 지내는 동물입니다. 그래서 나는 그것을 사랑으로 표현한 것입니다."

　"에헴, 하지만 김선생님의 동화는 너무나 터무니없어요. 집게와 고둥은 결코 사랑하지 않습니다. 저는 아이들이 혹시나 집게와 고둥에 대해 오해를 할까봐 걱정이 됩니다. 하여튼 가처분 신청을 철회할 수 없습니다."

"그래요? 그렇다면 저도 박증명 씨 당신을 생물법정에 맞고소
하겠소."

집게는 위기에 처하게 되면 고둥 껍데기에 들어가 몸을 숨기고 오른쪽 집게발로 입구를 막아 적들이 공격하지 못하게 합니다.

**집게와 고등은
서로 사랑하는 사이일까요?**
생물법정에서 알아봅시다.

 재판을 시작합니다. 먼저 김소설 씨 측 변
론하세요.

동화나 소설은 작가의 상상력을 통해 만
들어진 허구입니다. 그러므로 집게가 고등을 사랑하든 말미
잘을 사랑하든 그게 중요한 문제가 아니라고 생각합니다. 단
지 스토리가 대중들에게 감동을 준다면 어떤 동물이나 식물
도 의인화 할 수 있는 것이 동화 작가의 자유 아닌가요? 그러
므로 김소설 씨는 아무 잘못이 없다고 주장합니다.

 그럼 박증명 씨 측 변론하세요.

 생물학자인 박증명 씨를 증인으로 요청합니다.

부리부리한 눈에 매서운 인상을 가진 40대의 남자가
증인석으로 들어왔다.

 증인은 어떤 연구를 하고 있죠?

 저는 바다에 사는 동물에 대한 연구를 하고 있습니다.

 집게와 고등은 어떤 관계죠?

김소설 씨의 주장처럼 사랑하는 사이는 아닙니다. 집게와 고둥은 얕은 바다의 바닥에 살고 있습니다. 고둥을 건져 올리면 종종 껍데기 안에서 집게를 발견할 수 있습니다.

그럼 집게와 고둥이 사이가 좋은 거군요.

꼭 그렇게 볼 수는 없습니다.

그건 왜죠?

집게가 고둥 껍데기 속으로 들어가는 것은 위기를 탈출하기 위해서 입니다. 즉, 집게는 위기에 처하면 고둥 껍데기에 들어가 튀어나온 눈과 몸을 숨기고 오른쪽 집게발로는 입구를 막습니다. 이렇게 고둥은 집게의 은신처 역할을 하지요.

집게의 몸집이 커지면 어떻게 하죠?

그럼 그동안 지고 다녔던 고둥을 버리고 자신의 몸이 들어갈 만한 고둥을 찾습니다. 또한 고둥을 얻기 위해 집게들끼리 쟁탈전을 벌이기도 합니다.

그럼 집게는 위기 때 고둥 속으로만 들어가나요?

그렇지는 않습니다. 어떤 집게는 몸에 작은 말미잘을 이고 다니는 것도 있습니다. 이것 역시 말미잘을 사랑해서가 아니라 말미잘의 촉수를 이용하여 적으로부터 자신의 몸을 보호하기 위해서 이지요.

그렇군요. 판사님 판결해주세요.

판결합니다. 증인인 박증명 씨의 분석에 따르면 집게는 고둥

을 위기 시에 숨을 은신처 정도로만 생각하는 것 같습니다. 이런 정도의 기능으로 두 동물이 사랑을 나눈다는 것은 지나친 비약으로 보입니다. 그러므로 김소설 씨는 내용을 과학적인 사실에 맞게 고친 다음 다시 출판하시기 바랍니다. 이상으로 재판을 마치도록 하겠습니다.

재판이 끝난 후, 김소설 씨는 박증명 씨와 공동 작업을 통해 원고를 고쳤다. 그리고 책의 제목도 《집게를 향한 고둥의 슬픈 기다림》으로 바꾸었다. 이 책에서 고둥은 자신의 껍데기 안으로 들어오는 집게가 자신을 사랑하는 걸로 착각하지만 결국은 집게의 은신처 역할 이외에는 어떤 일도 하지 못하고, 집게의 몸이 커지자 집게가 고둥을 버리고 간다는 내용이었다.

주황색으로 변해버린 게

게는 익으면 왜 주황색으로 변할까요?

이곳은 어느 한적한 바닷가 마을이다. 아직 사람들에게 많이 알려지지 않아 오고가는 사람들도 거의 없다. 초등학교 5학년인 똘망이는 조용한 자신의 마을이 너무 싫었다.

"엄마, 왜 우리 동네는 롤러코스터가 없어? 바이킹도 없고."

"얘야, 바닷가에 왜 롤러코스터가 있겠니? 우리에겐 롤러코스터 대신 우리에게 많은 것을 주는 신비한 바다가 늘 우리 옆에 있잖니."

"그게 뭐야! 바다를 타고 놀 수도 없잖아! 정말 시시해. 마을 사람들도 점점 도시로 나가잖아! 엄마, 우리도 도시로 나가자. 응? 옆집 마빡이네도 이사 갔잖아."

똘망이의 투정에 엄마는 깊은 생각에 잠겼다. 그리고는 그날 저녁 똘망이의 아버지가 일을 마치고 집으로 돌아오자 남편을 붙들고 얘기하기 시작했다.

"여보, 우리도 이제 도시로 나가는 게 어때요? 자기도 옆집 마빡이네 알죠?"

"또 그 소리야? 우리가 양식하는 게들은 어쩌고 계속 도시로 나가자는 거야? 1년 전에 도시로 나간 옆집 마빡이네는 왜?"

"세상에 마빡이네가 도시로 나가서 벼락부자가 되었대요. 마빡이가 길을 걷다가 캐스팅돼서 텔레비전에 출연한다더라고요. 우리 똘망이가 그러지 말라는 법 있어요? 솔직히 마빡이보다 우리 똘망이가 훨씬 더 잘생겼잖아요. 여보, 괜히 내가 백화점 없다고 이사 가자는 게 아니잖아요. 잘 생각해 봐요."

이 말을 들은 똘망이 아빠는 곰곰이 생각을 하기 시작했다.

다음 날 아침 식사를 하던 중 똘망이 아빠는 난데없이 말했다.

"그래, 우리도 도시로 나갑시다. 이번 주 안으로 이사 준비를 해요."

"아자! 롤러코스터!"

"아자! 백화점!"

똘망이와 똘망이의 엄마는 동시에 소리 지르곤 멋쩍은지 서로 쳐다보며 웃었다. 이 마을 밖으론 나가본 적 없던 똘망이 식구들이라 일주일을 기대와 설렘으로 보냈다.

"텔레비전에서만 보던 바이킹을 실제로 보게 되다니! 어떻게 배가 땅에 떠 있을 수 있지? 이사 가자마자 놀이동산으로 당장 달려가야지! 히히."

"드라마 보면 아줌마들 백화점에서 쇼핑하는 거 나오던데, 호호. 나도 이제 드디어 그럴 수 있겠구나. 왠지 한층 럭셔리해지는 이 느낌, 오예!"

그렇게 일주일 후 똘망이 가족은 도시로 이사 가게 되었다.

"아빠, 그런데 아빠는 이제 도시에 가서 무슨 일 해? 옛날엔 게양식했잖아. 이젠 도시 가서 뭐 해요?"

"후후, 그걸 이제야 생각했니? 도시로 이사 간다고 좋아만 하던 녀석이! 아버지 친구가 알아봐 주기로 했으니 걱정 말아라. 자, 오늘은 이사 첫날이니 우리 놀이동산에 놀러갈까?"

"어머, 당신은. 놀이동산은 무슨 놀이동산이에요? 우리 이제 도시로 나왔으니 백화점에 가서 쇼핑도 하고 맛있는 것도 먹어요. 요즘 패밀리 레스토랑인가? 그게 유행이라던데 거기도 가 봐야죠."

"패밀리 레스토랑? 엄마, 그럼 거기는 가족끼리 아니면 거기서 못 먹는 거야?"

"똘망아, 당연하지. 그러니까 패밀리 레스토랑이지. 호호."

그때 마침 똘망이 아빠의 전화벨이 울렸다.

'따르릉……'

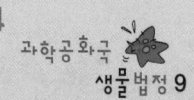

"여보세요?"

"어이, 자네 도시로 왔나? 내 벌써 자네 일자리를 마련해 놨네."

"그래? 안 그래도 오늘 왔어. 도시라 그런지 차도 많고, 이거 눈이 빙글빙글 도네 그려. 후후."

"혹시 지금 당장 만날 수 있겠나? 급한 일자리라 내일부터 출근을 해야 해서, 내 오늘 자네를 만나서 말해 주고 싶은데."

"그래, 알았네. 지금 나가겠네."

똘망이 아빠는 전화를 끊었다.

"아빠, 지금 나가야 해?"

"응. 아빠는 나가 봐야 할 것 같아. 여보, 당신이 놀이동산을 가든지 백화점을 가든지 알아서 해요."

똘망이 아빠는 그렇게 서둘러 집을 나왔다. 집 안에서는 여전히 똘망이와 엄마가 어디를 먼저 갈지 다투고 있었다.

똘망이 아빠는 서둘러 친구와 만나기로 한 장소를 찾았다. 길찾기가 쉽지는 않았지만 사람들에게 물어물어 겨우 도착했다.

"어서 오게. 여기가 이 도시에서 가장 유명한 게 요릿집이네. 내가 가장 맛있는 요리로 주문해놨네."

"게? 후후, 거참 게하고 인연이 질기기도 하다. 도시 와서 가장 먼저 먹는 게 게라니. 그래, 일자리는 어디인가?"

똘망이 아빠와 친구는 한참을 얘기했다.

"여기 주문하신 게 요리 나왔습니다. 맛있게 드세요."

종업원이 게 요리를 테이블 위에 올려놨다. 똘망이 아빠가 게 요리를 보니 그 게는 주황색을 띠고 있었다.

"아니, 친구! 여기가 정말 게 요리로 유명한 식당 맞아?"

"응, 그렇다네. 왜 그러는가?"

"내가 비록 게를 양식만 하고 게 요리는 한 번도 먹어 보지 못했다지만, 게가 무슨 색깔인지는 아네. 원래 게는 이런 주황색이 아냐. 이거 보기 좋으라고 색소를 탔구만."

"뭐야? 그게 참말인가? 여기 종업원!!!"

"예? 무슨 일이십니까?"

"이거 색소를 타서 게가 주황색인거지? 원래 게는 주황색이 아니라며? 나는 그런 것도 모르고 이 가게를 자주 찾았어! 이것 봐, 당장 사장 불러! 내가 이 가게 신고해 버릴 테다."

똘망이 아빠와 친구는 게 요리에 색소를 탔다며 음식점을 신고했고, 음식점 측에서는 색소를 타지 않았다며 생물법정에서 진실을 밝히자고 나섰다.

게에 열을 가하면 게의 껍질에 있는 색소가 변화하여
몸의 색깔이 주황빛으로 변하게 됩니다.

게가 왜 주황색으로 변했을까요?
생물법정에서 알아봅시다.

재판을 시작합니다. 원고 측 변론하세요.

원고는 평생 게 양식을 업으로 하고 살았
습니다. 원래 게는 주황색이 아닙니다. 그
것은 여태껏 게를 양식한 원고가 누구보다 잘 알고 있습니다.
게 껍질에 색소를 타 주황색으로 만들어 맛있게 보이려는 속
셈을 누가 모를 줄 알아요!

원고 측 진정하시고, 피고 측 변론하세요.

판사님, 양식업계의 대부인 영덕게 씨를 증인으로 모십니다.

빠글빠글한 아줌마 파마를 한 뚱뚱한 40대 후반의
여성이 증인석에 올랐다.

증인이 현재 하는 일은 무엇인가요?

현재 게, 광어 등을 양식하고 있습니다. 이 일을 하기 위해 바
다 생물에 대한 공부를 얼마나 했는지 아십니까? 얼마나 많
은 실패를 겪…….

증인! 게에 대해 아시는 대로 설명해 주실 수 있습니까? 주

로 어디에 서식합니까?

 주로 수심 200~400m의 바다 바닥에 사는데, 모래나 자갈이 있는 곳에서 잘 잡히지요. 그리고 게 중의 게인 대게를 으뜸으로 칩니다.

 대게라, 대게는 왜 대게라고 부릅니까?

 대게란 이름은 몸통에서 뻗어나간 다리의 모양이 대나무처럼 곧아서 붙은 이름입니다.

 아, 그렇군요. 너무 궁금해서 여쭈어 보았습니다. 하하하! 대게는 어떻게 생겼나요?

 대게의 크기는 수컷의 폭이 187mm, 암컷이 113mm에 달합니다. 암컷의 경우에 모양이 둥그스름하고 크기가 커다란 찐빵만 하다고 하여 빵게라고 부르기도 합니다. 빵게는 알이 꽉 차고 맛이 뛰어나지만 자원 보호를 위해 잡는 걸 금지하고 있습니다. 대게 중 살이 꽉 찬 것은 살이 박달나무처럼 단단하다 하여 박달게라는 별명이 있습니다.

 아, 그렇군요. 그럼 게에 열을 가하면 왜 주황색으로 변하는지도 아시나요?

 살아 있는 게나 새우 등 갑각류의 껍데기 속에는 잘 분해되지 않는 붉은색의 클러스터세올빈과 노란색을 띠는 헤파토크롬, 열이나 산, 알칼리에 분해되기 쉬운 청록색의 시아노크립탄이라는 세 가지 색소가 들어 있습니다. 게에 열을 가하면 시

아노크립탄이 분해돼서 클러스터세올빈으로 변하게 되므로 붉은 색소가 나타납니다. 거기에 원래부터 들어 있던 노란색의 헤파토크롬이 함께 작용하여 전체적으로 몸의 색깔이 주황빛으로 변하게 됩니다.

열을 가하여 변한 껍질의 색! 이것은 색소 따위를 넣은 것이 아닙니다. 게 양식을 하셨더라도 직접 음식으로서의 게를 보지 못한 것에서 비롯된 사건인 것 같습니다.

한 쪽만을 안 것을 전체를 다 안다고 자신한 원고이지만, 원고는 게 양식에 누구보다도 힘썼다고 할 수 있을 것 같군요. 이번 사건은 원고의 사과로 간단히 마무리 짓겠습니다. 이상으로 재판을 마칩니다.

재판이 끝난 후, 똘망이 아빠는 게 음식점 사장님에게 사과를 했다. 게 양식을 하면서도 게에 대해 제대로 몰랐다는 것에 대해 부끄러워진 똘망이 아빠는 게와 관련된 일을 해야겠다고 마음먹었고, 게 음식점을 차리겠다고 선언했다. 결국 도시까지 나와서도 하루 종일 게를 봐야만 하는 똘망이는 한숨을 쉴 수밖에 없었다.

 게의 호흡

게는 숨을 쉬기 위해서 마신 물을 아가미와 연결되어 있는 한 쌍의 구멍을 통해 내보낸다. 그래서 물 밖에서는 물이 구멍을 통해 나오면서 주위에 거품이 일어나는 것을 볼 수 있다.

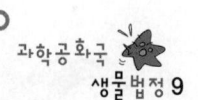

암컷과 수컷이 하나

암컷과 수컷이 따로 나뉘어있지 않은 생물도 있을까요?

사건속으로

"엄마, 나 안 늦었지? 학교 마치자마자 헐레벌떡 뛰어왔어요. 헥헥…… 아직 시작 안했지?"

"호호. 얼른 손 씻고 와요. 엄마가 텔레비전 틀어놓을 테니."

까칠이는 후다닥 손을 씻고 거실로 뛰어가서 텔레비전 바로 앞에 앉았다.

"얘! 엄마가 뭐랬어? 그렇게 텔레비전 바로 앞에 앉으면 눈 다 버린다고 했지?"

"알겠어. 그래도 가까이에서 봐야 실감나는데. 오늘은 어떤 주

제일까?"

까칠이가 이렇게 좋아하는 프로그램은 매주 금요일마다 진행되는 〈오! 세상의 신비한 것들〉이라는 프로그램이다. 까칠이가 알지 못하는 세상의 여러 가지 신기한 내용을 주제로 놓고 그 분야의 대표들이 나와 토크쇼를 한다.

"엄마, 오늘의 주제는 '뱀에도 뼈가 있을까?' 야. 엄마, 뱀에 무슨 뼈가 있어? 뼈가 있는데 그렇게 구불구불 기어 다닐 수 있을까?"

"이 녀석아, 엄마한테 묻지 말고 텔레비전 봐."

뱀에게 뼈가 있는지 없는지 헷갈렸던 까칠이 엄마는 괜히 소리를 질렀다.

'뱀에게 뼈가 있던가? 당연히 뼈가 없는 거 아니었어? 그런데 당연한 거면 이 프로그램의 주제가 될 리가 없잖아?'

까칠이 엄마는 혼자 중얼거렸다.

눈을 반짝이며 〈오! 세상의 신비한 것들〉을 보고 있던 까칠이는 소리를 질렀다.

"엄마, 뱀한테도 뼈가 있대. 우와, 뱀은 척추 뼈가 200개나 있다는데? 뼈가 200개나 있는데 왜 엄마는 몰라?"

"얘는. 엄마가 세상 모든 걸 다 아는 줄 아니? 그럼 엄마가 집에서 네 밥이나 짓고 있겠니? 대학교수 하고 있지! 호호."

까칠이 엄마는 멋쩍은 듯 웃음을 지었다.

"〈오! 세상의 신비한 것들〉 프로그램은 정말 신기한 내용이 많

이 나와. 아! 맞다, 미술 숙제! 엄마, 2부 시작하면 불러요. 얼른 미술 숙제 하고 올게요."

"호호, 알겠어. 2부 시작하면 엄마가 총알같이 부를 테니 얼른 숙제 해."

까칠이는 방에 들어가 스케치북과 크레파스를 꺼냈다.

"가장 좋아하는 동물 그려 오랬는데. 뭐 그리지? 강아지 이런 건 너무 흔하고…. 용을 그려버려? 후후, 근데 용이 동물인가? 아! 그래! 좀 전에 〈오! 세상의 신비한 것들〉에서 본 뱀을 그리면 되겠다. 히히. 뱀은 척추동물 이랬으니까 뱀도 동물이겠지? 그런데 이왕이면 오늘 텔레비전에서 본 지식을 살려서 뱀을 투명하게 그린 뒤에 뼈를 200개 그려 넣어? 그러면 아이들이 다들 신기해하겠지? 히히, 그럼 선생님도 미술 점수를 100점 줄지도 몰라."

까칠이는 초록색 크레용을 꺼내 들고 신나게 뱀을 그리기 시작했다.

'자, 척추 뼈 200개를 그려야 하는데. 휴, 척추 뼈 그리다가 〈오! 세상의 신비한 것들〉 2부 시작하는 것 아냐? 에이, 엄마가 불러 주시겠지.'

까칠이는 한참을 열심히 한 후 마침내 미술 숙제를 완성했다.

"엄마, 나 미술 숙제 끝냈어요. 아직도 시작 안했어? 으악, 뭐야! 2부 벌써 시작했잖아? 엄마 왜 안 불렀어요?"

까칠이 엄마는 까칠이가 나온 줄도 모른 채 정신없이 텔레비전을 보고 있었다.

"어머, 까칠아. 엄마가 깜빡했네. 〈오! 세상의 신비한 것들〉 프로가 너무 재미있어서. 호호. 2부 주제는 '따개비' 얘기야. 얼른 보렴."

"엄마는… 혼자만 보고… 나 불러 주기로 해 놓고서….'

까칠이는 울상이 된 채로 텔레비전을 봤다. 벌써 토크쇼는 한창 진행 중이었다.

"까칠아, 저기 저 생물학자가 따개비는 암컷, 수컷이 하나로 붙어있대. 그런데 그게 과연 진실일까? 왜냐하면 사람도 암컷, 수컷이 따로 있어야 번식을 하잖아."

"암컷, 수컷? 엄마, 무슨 말이야?"

"그러니까 사람은 아빠, 엄마 이렇게 아기를 만들잖니. 그런데 따개비는 엄마, 아빠가 한 마리 안에 다 존재한다는 거야. 그런데 어떻게 번식이 되지?"

"와, 그럼 따개비는 엄청 대단한 거네. 나도 따개비처럼 그랬으면 좋겠다."

"왜 까칠이가 따개비처럼 그랬으면 좋겠어? 예쁜 여자 친구 만들기 싫어?"

"엄마, 나 벌써 여자 친구 있는데 몰랐어?"

"뭐? 초등학교 5학년이 여자 친구가 있다고? 왜 엄마한테 말 안 했어?"

"엄마한테 말할 정도의 사이는 아냐. 히히. 그런데 계속 아이스

크림 사 달라, 예쁜 머리핀 사 달라, 정말 귀찮아.”

“하하하. 쪼그만 게 어디서 귀찮대!”

“아무튼 나는 여자 친구 필요 없으니까 그냥 따개비처럼 한 몸에 암컷, 수컷 다 갖고 싶어!!”

“그런데 그게 가능한 일일까?”

까칠이의 엄마는 고개를 갸웃 거리며 텔레비전을 계속 봤다.

그 날 저녁 까칠이가 인터넷을 하던 도중, 큰 목소리로 엄마를 불렀다.

“엄마, 엄마! 이것 좀 봐요. 〈오! 세상의 신비한 것들〉 프로가 인터넷 기사에 났어요.”

“뭐? 기사에 났다고? 어디 보자.”

까칠이 엄마는 후다닥 뛰어 왔다.

“…… 시청자들은 따개비가 아무리 동물이라지만 암수는 따로 있어야 번식이 되지 않느냐며 그 학자를 엉터리라고 제보하였다.”

“어머, 이 기사가 진짜일까? 어쩐지, 엄마도 뭔가 이상하다 했더니!”

“엄마, 우리 이럴 게 아니라 따개비가 정말 암수가 붙어 있는지 생물법정에 한번 의뢰해 보면 어떨까요? 만약 그게 거짓이라면 절대 가만 두지 않을 테야!”

따개비는 암수한몸이라 암컷을 따로 구별하지 않고 옆에 있는 따개비에게
교미침을 뻗어 정액을 주입하는 방법으로 번식을 합니다.

**따개비는 암수가 한 몸이라는데
정말일까요?**
생물법정에서 알아봅시다.

재판을 시작합니다. 원고 측 변론해주세요.

모든 동물들은 암수가 따로 존재하고, 그
암수들이 만나서 번식을 하게 됩니다. 그
런데 암수가 한 몸에 있다면 어떻게 번식을 할 수 있습니까?
말이 됩니까?

진정하십시오. 말이 되는지 안 되는지 피고 측의 변론을 들어
봅시다.

과학대학교 생물학과 교수이신 생물사랑 씨를 증인으로 요청
합니다.

안경을 낀 한 여자가 증인석으로 나왔다.

따개비가 어떤 동물인지 먼저 설명해주세요.

따개비는 삿갓을 닮은 단단한 석회질 껍데기로 덮여 있습니
다. 썰물 때는 수분의 증발을 막기 위해 껍데기 입구의 문을
꽉 닫고 있고 밀물이 밀려와 몸이 물에 잠기면 입구를 활짝
열고 넝쿨같이 생긴 여섯 쌍의 다리를 휘저어 물속의 플랑크

톤을 잡아먹습니다.

 그럼 따개비는 조개와 같은 종인가요?

 겉모습만 보고 연체동물인 조개와 같은 종으로 생각하기 쉽지만, 따개비는 다리에 마디가 있는 절지동물입니다.

 따개비는 그럼 바다 바닥에 사는 것입니까?

 아무데다 잘 달라붙는 따개비는 해안가 바위뿐 아니라 배, 고래, 거북이의 몸에도 단단히 들러붙어 삽니다.

 그렇군요. 따개비가 암수한몸이라는 것은 사실입니까?

 그렇습니다. 따개비는 암수한몸이고 한 번 어딘가에 붙으면 스스로 이동할 수 없습니다.

 그렇다면 어떻게 번식을 합니까?

 이들은 번식을 위해 짝짓기를 합니다.

 움직일 수 없는 따개비가 어떻게 짝짓기를 하죠?

 따개비는 교미침이라는 길고 부드러운 생식기를 가지고 있습니다. 여러 개가 함께 모여 사는 따개비는 옆에 있는 따개비를 향해 교미침을 뻗어 정액을 주입하지요. 암수가 한 몸이기 때문에 암컷을 구별할 필요는 없습니다.

 잘 알겠습니다. 판사님, 원고 측에서는 따개비가 암수한몸의 동물이라면 번식을 할 수 없을 것이라며 따개비가 암수한몸이라고 한 피고가 엉터리라고 했습니다. 그러나 증인의 증언에서 알 수 있듯이 따개비는 암수한몸의 동물이며 그럼에도

교미를 통해 번식을 할 수 있습니다. 따라서 방송에서 말한 피고의 설명은 옳은 설명이었으므로 원고는 피고에게 사과를 해야 할 것입니다.

판결합니다. 증인의 말대로 따개비는 암수한몸의 절지동물로 교미를 통해 번식을 할 수 있는 동물입니다. 그러므로 피고의 설명에는 잘못된 것이 없었다고 생각되며, 원고가 피고에게 사과를 하는 것으로 이번 사건을 마무리 짓겠습니다. 이상으로 재판을 마칩니다.

재판이 끝난 후, 까칠이는 생물학자에게 사과를 했다. 생물학자는 괜찮다며, 까칠이에게 생물은 재미있는 것이 많으니 열심히 공부하라고 조언했습니다.

거북손

따개비와 비슷한 생물로 거북손이 있다. 거북손은 그 생긴 모양이 거북이의 손을 닮았다고 해서 붙여진 이름이다. 거북손의 몸길이는 3~5cm 정도이다.

쓰레기 처리 담당 갯강구

갯강구가 바다의 청소부라고요?

사건속으로

미스터 박과 찰스는 못 말리는 낚시광이다. 미스터 박과 찰스의 만남은 한 수영장에서 시작되었다. 미스터 박은 그 날 꼬마 아들이 하도 수영장에 놀러 가자고 조르는 통에 가족들 모두 수영장에 놀러 갔다. 수영장에서도 미스터 박은 낚시 생각이 머리를 떠나지 않았다. 미스터 박의 아이들과 아내가 풀 안에서 좋아하며 튜브를 타고 물장구를 치고 있을 때 미스터 박은 혼자 수영장 벤치에 누워 있었다. 그때 아내의 외침이 들렸다.

"여보, 여보! 애 물안경이 없어졌어요. 좀 찾아 줘요."

미스터 박은 그 소리를 듣고는 풀로 뛰어 갔다. 그리고는 풀 안으로 뛰어들어 찾을 생각을 하진 않고, 낚싯대 미끼를 바다에 던지듯이 낚싯대를 풀 안으로 던지는 시늉을 했다. 아내는 그 모습을 보고는 기가 막혔다.

"여보! 정신 차려요! 저 인간이 또 낚시하러 온 줄 아나!"

아내는 화가 치밀어 풀 안에서 무심결에 손에 잡히는 걸 들고선 남편을 향해 던져 버렸다.

"휭~ 툭!"

남편의 얼굴을 정면으로 맞고 떨어진 건 바로 아들의 물안경이었다.

그제야 정신이 든 미스터 박은 아내를 향해 외쳤다.

"히히, 물안경 찾았어. 내가 물안경 찾았다고! 그런데 내가 어떻게 찾았지?"

"어휴!"

그 모습을 보고 있던 아내는 기가 막혀 미스터 박을 한 번 쳐다보곤 다시 물속으로 들어가 버렸다. 미스터 박은 다시 벤치에 누워서 미끼 연구를 했다.

"떡밥이 좋을까? 아냐, 요즘 고기들한테는 떡밥이 잘 안 먹히는 것 같아. 휴, 그럼 갯지렁이를 쓸까?"

그때 한 남자, 바로 찰스가 미스터 박에게 다가왔다.

"아까 당신이 하는 행동을 봤어요. 혹시 낚시를 좋아하십니까?"

"예? 누구신지?"

"저는 낚시를 사랑하는 남자, 찰스라고 합니다."

"낚시를 사랑한다고요? 그럼 혹시 당신은 미끼를 떡밥을 씁니까? 아니면 갯지렁이를 씁니까?"

"요즘은 고기들에게 떡밥이 잘 안 먹히죠. 저는 갯지렁이를 씁니다."

"오, 이런! 의견이 나와 같군요. 혹시 감주도 갯바위를 아십니까?"

"감주도 갯바위요? 알다마다요. 거기 돈 많은 낚시꾼들이 많기로 소문난 곳이 아닙니까?"

"후후, 돈 많은 낚시꾼까지는 아니고요. 제가 감주도 갯바위에 낚시하러 거의 매일 갑니다. 당신도 내일부터 같이 가시겠습니까?"

"내일이라뇨, 지금 당장 가죠."

미스터 박은 순간 낚시할 생각에 가족들을 까맣게 잊고 말았다.

"예, 그럼 바로 출발하죠. 히히. 얼른 집에 가서 낚싯대를 챙겨 오겠습니다. 30분 뒤에 만나죠."

미스터 박은 서둘러 운전을 해서 집으로 갔다. 낚싯대와 필요한 용품을 챙긴 뒤, 찰스와 함께 감주도 갯바위로 향했다.

그때 마침 미스터 박의 전화벨이 울렸다.

'따르릉……'

"당신 수영하다 말고 어디 간 거예요? 우리 이제 너무 놀아서

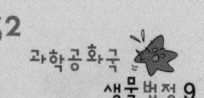

피곤해서 쓰러지겠어요. 호호. 얼른 집에 가서 쉬고 싶은데. 여보, 어디예요?"

"⋯⋯."

순간 정적이 흘렀다. 미스터 박은 '아차!' 싶은 생각이 들었다.

'이거 분명 낚시 하러 왔다고 하면 며칠 동안 잔소리 들을 것 같은데.'

"지금 거신 전화는 없는 번호이니 확인 후 다시⋯⋯ 띠띠띠."

'휴, 다행이군. 히히, 다시 전화 오기 전에 얼른 전원을 꺼야겠다.'

미스터 박은 서둘러 핸드폰의 전원을 껐다. 그 모습을 보던 찰스는 슬쩍 웃었다.

둘은 어느새 감주도 갯바위에 도착했다.

"와, 정말 낚시꾼들이 많군요. 역시 소문대로군요. 후후. 우리도 얼른 자리 잡아서 낚시할 준비를 합시다."

"저 자리 어떻소? 감주도 갯바위에선 저 자리가 명당이오."

그렇게 둘은 자리를 잡고 앉아 낚시를 하기 시작했다.

"그런데 여기 갯바위엔 바다 바퀴벌레가 너무 많군요."

"아, 갯강구 말인가? 여긴 내가 처음 왔을 때부터 유독 갯강구가 많았어. 처음 봤을 때는 너무 징그러워서 몸서리쳤는데 하루이틀 보다 보니 이젠 그러려니 하네."

"이거 그냥 둬서는 안 되겠는 걸요. 여기 있는 낚시꾼들이 힘을 합치면 바로 저 갯강구들을 다 싹 쓸어버릴 수 있을 것 같은

데, 우리 말 나온 김에 보기도 징그러운 저 갯강구들을 다 없애 버리죠?"

찰스의 말에 주위에 있던 낚시꾼들이 '옳다구나' 라며 외쳐대었다.

"안 그래도 여기 올 때 마다 저 바다 바퀴벌레 갯강구가 눈에 거슬렸어. 얼른 없애 버리자고."

낚시꾼들은 힘을 합쳐 감주도 갯바위에 있던 갯강구를 다 죽여 버렸다.

그 후 시간이 점차 흐르고 감주도 갯바위에서는 악취가 나기 시작했다.

"찰스, 이제 더 이상 여기 감주도 갯바위에서는 낚시를 못하겠네. 우리 장소를 옮기세. 언제부터인가 악취가 나는 바람에 여기 있던 많은 낚시꾼들이 장소를 옮겼네. 우리도 얼른 옮기자구."

"그게 좋겠어요. 왜 이런 악취가 나는지 원."

찰스와 미스터 박이 이런 얘기를 하며 주섬주섬 낚시 도구를 챙기고 있었다. 그때 한 남자가 다가왔다.

"혹시 당신이 찰스라는 사람이요?"

"그렇소만, 당신은 누구요?"

"나는 이 갯바위의 주인이올시다. 당신이 '갯강구를 죽이자' 고 여기 낚시꾼들을 선동한 사람이 맞소?"

"아, 바로 내가 그랬소. 그게 고마워서 인사 온 거면 됐소이다.

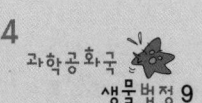

주인이라면 이 악취 좀 어떻게 해결할 생각 없소?"

"뭐라고? 이놈이! 그래서 내가 당신을 고소하러 갈 참이야! 당신 때문에 우리 갯바위에 오던 많은 낚시꾼들이 다 떠나 버렸잖아! 당장 생물법정에 고소할 테다!"

"뭐라고? 그게 왜 나 때문이요? 그래, 고소할 테면 한 번 해 보시오!"

끼룩

Thank You

영차! 영차! 우리들은 환경파수꾼!

갯강구는 생긴 모습이 바퀴벌레와 비슷하고
갯바위에 주로 서식하며 죽은 생물과 음식 쓰레기를 먹고 사는 동물입니다.

갯강구는 어떻게 쓰레기를 처리할까요?
생물법정에서 알아봅시다.

 재판을 시작합니다. 피고 먼저 변론하세요.

 피고인은 낚시를 하고자 했던 갯바위에 갯강구가 너무 많아 징그러움을 느꼈습니다. 바다 바퀴벌레라고 불리는 갯강구이니, 바퀴벌레가 많이 있는 것을 보면 징그러워하는 게 당연한 거 아니겠습니까? 그래서 낚시를 하는 사람들 모두 함께 갯강구를 바위에서 밀어내 버렸습니다. 징그러운 갯강구가 사라지게 되었으니 감사해야 하는데 원고는 그것도 모르고 화부터 내다니요? 그럴 시간에 악취가 나는 바위 주변부터 치우는 것이 급선무인 것 같습니다.

 원고 측 변론하십시오.

 바다생물연구가이신 다연구해 씨를 증인으로 요청합니다.

키가 자그마한 한 남성이 증인석으로 나왔다.

 갯강구는 어떤 생물입니까?

 갯강구는 절지동물 갑각류에 속합니다.

강구는 무슨 뜻이죠?

 강구는 영남 지방에서 바퀴벌레를 가리키는 말입니다.

 갯강구는 어떤 모습인가요?

 갯강구는 몸길이가 3~4.5cm 정도로, 생긴 모습이 바퀴벌레와 비슷해서 바퀴벌레를 뜻하는 경상도 방언인 '강구'에 바다를 뜻하는 '갯'이 붙어서 생긴 이름입니다. 그래서 일부 지역에서는 갯강구를 바다 바퀴벌레라 부르기도 합니다.

 원고는 피고가 갯강구를 없애서 갯바위에 나쁜 냄새가 난다고 했는데 사실입니까?

 맞습니다. 갯강구가 없다면 가까운 바다의 갯바위는 악취를 풍기는 쓰레기 더미로 몸살을 앓게 됩니다.

 어째서 그러합니까?

 갯강구가 여기 저기 널려 있는 음식물 찌꺼기와 각종 유기물을 처리해 주기 때문입니다.

 그렇군요. 판사님, 이처럼 갯강구는 갯바위나 주변에 방치되어 있는 음식물 찌꺼기를 처리해 주는 이로운 생물입니다. 그런데 그것도 모르고 징그럽다는 이유로 갯강구들을 모두 바위에서 밀어 내 버린 피고는 잘못이 있다고 생각합니다. 따라서 갯바위가 더러워진 것에 대해 피고는 원고에게 책임지고 배상해 줄 것을 요구합니다.

 판결합니다. 피고는 갯강구가 바다 바위 주변의 쓰레기들을

처리해 주어 주변이 깨끗할 수 있다는 사실을 모르고 갯강구를 모두 바위에서 밀어 냈습니다. 이로 인해 갯바위 주변에는 악취가 심해 더 이상 낚시꾼들이 올 수 없게 되었으므로, 이 모든 책임은 피고에게 있다고 보입니다. 따라서 피고는 원고에게 사과를 하고 피해를 보상해 주세요. 이상으로 재판을 마치겠습니다.

재판이 끝난 후, 찰스는 갯바위의 주인에게 사과했다. 또한 갯바위 주인의 요구대로 피해를 보상해 주었다. 그 이후 찰스와 미스터 박은 낚시터에서 갯강구를 보면 묻지도 않았는데 주변 낚시꾼들에게 갯강구의 장점에 대해 설명해 주었다. 비싼 돈을 주고 얻은 정보라고…….

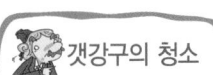 갯강구의 청소

바닷가에 방파제 앞에 파도를 분산시키는 역할을 하는 것을 테트라포드라고 부르는데, 이곳에는 악취를 풍기는 쓰레기들이 달라붙고는 한다. 이 쓰레기를 청소해주는 것이 바로 테트라포드에 붙어서 살고 있는 갯강구이다.

절지동물

절지동물은 몸이 여러 개의 관절로 나뉘어져 있습니다.

절지동물은 지구상에 약 10만여 종 이상이 살고 있으며 전체 동물 중 4분의 3 정도가 절지동물입니다. 땅에서 흔히 보는 곤충이나 거미 등도 절지동물이며 바다에 사는 절지동물로는 게, 새우, 따개비, 거북손 등이 있습니다.

바다에 사는 대부분의 절지동물은 키틴이나 탄산칼슘으로 된 딱딱한 껍데기를 가지고 있습니다. 이 껍데기는 모양이 잘 변하지 않으므로 바다의 절지동물은 몸이 자라기 위해서 예전의 껍데기를 벗어 버리고 좀 더 큰 껍데기를 만드는 과정을 거치게 되는데 이것을 탈피라고 부릅니다. 이렇게 새로 만들어 지는 껍데기는 단단하지 않기 때문에 다른 동물들의 공격으로부터 몸을 보호하기가 어렵습니다.

바다의 절지동물은 몸의 움직임을 원활하게 하기 위해 몸이 여러 개의 마디로 이루어져 있는데 대체로 몸은 머리·가슴·배로 나누어지고 바다 속 생활을 위해 아가미를 가지고 있습니다.

과학성적 끌어올리기

따개비와 배

따개비는 다소 성가신 존재일 수 있습니다. 물놀이를 마친 후 밖으로 나올 때 따개비의 날카로운 껍데기로 인해 상처를 입을 수 있고, 배의 바닥에 달라붙는 바람에 배의 저항을 크게 하여 배가 느려지게 할 수 있기 때문입니다. 배에 따개비가 붙지 못하도록 하기 위해 독성분이 들어 있는 선박용 페인트를 칠하기도 했는데, 이제는 이것이 바다를 오염시키는 또 다른 원인으로 밝혀져 지금은 사용하지 않고 있습니다.

제4장

연체동물에 관한 사건

해녀의 전복 지키기

잠수장비를 가지고 해산물을 따는 것은 불법일까요?

"이번 여름은 정말 덥네. 수영아, 우리 수영이나
하러 갈까?"

"네! 아빠. 수영하러 가요. 아후, 정말 후덥지근
하네요. 습기도 많고."

"여보! 수영하러 갈래? 이번 여름은 집에 도저히 못 있겠어! 에
어컨을 틀면 머리가 아프고, 안 틀면 끈적끈적하고. 환장하겠어."

"그래요. 그럼 계곡 갈 거예요? 돼지고기 좀 지글지글 구워먹
게, 마트에 들러 사가면 되겠네."

"오케이! 그래, 가 보자! 유후!"

수영이 가족은 더운 여름을 피해 계곡으로 발길을 옮겼다. 마트에서 맛있는 돼지고기를 사고 갖가지 재료들을 산 후 스포츠카를 타고 풍악을 울리며 출발하려는 순간 이었다.

속보입니다. 지금 현재 할라할라 계곡에서 사고가 일어났습니다. 물이 깊은 줄 모르고 수영을 하던 7세 어린아이가 급류에 휩쓸렸는데, 어린아이를 구하려던 아버지까지 급류에 휩쓸려 부자가 실종되는 사고가 일어났습니다. 계곡 관리자는 할라할라 계곡을 전면 폐장하여 사람들의 접근을 막고 실종자를 찾는 등 대책을 논의하고 있습니다. 여름 휴가철, 물놀이 도중 안전사고가 일어나지 않도록 각별한 주의가 요구됩니다. SBH 최정현 기자였습니다.

"아! 뭐야!! 오늘 할라할라산 폐장하면 우리 어디서 놀아요?"
"아이구, 저런! 큰일 났네. 우리 더워도 그냥 오늘은 집에서 쉬자!"
"안 돼요! 돼지고기는 구워 먹고 가야죠! 다른 곳으로 이동해요. 네? 네?"
생떼를 쓰는 수영이를 못 이겨 어디로 가야할지 잠시 생각을 한 후 아버지는 가까운 섬에 가서 스쿠버 다이빙을 하자는 제안을 하셨다. 가족들은 대환영이었고, 간단한 장비들을 가지고 바뀐 목적지로 향했다.
"오예! 더 좋은 곳으로 간다!"

"하하! 그렇게 좋아? 종종 데리고 가야겠구나. 우리 수영이가 스쿠버 다이빙을 이렇게 좋아하는지 몰랐는데? 하하!"

"그러게요. 저도 몰랐어요. 우리 수영이 이름하고 똑같이 수영 선수 되려는 거 아니야? 하하!"

"엄마. 저는 이름 때문인지는 몰라도 수영이 너무너무 좋아요. 저에게 딱 맞는 이름을 지어 주신 부모님들께 다시 한 번 감사의 말씀을 드립니다. 히히, 땡큐입니다!"

"짜식! 건방지기는, 하하하."

그렇게 가까운 섬에 도착을 한 수영이네 가족은 장비와 짐을 풀고 옷을 갈아입은 후 물속으로 뛰어들었다. 수영이는 산소 호흡기를 착용하고 물속 깊이 들어갔다. 물속은 마치 꿈나라에 온 것처럼 희한한 생물들이 많았다.

"수영아! 너무 깊이 들어가지마! 조심해야해!"

혹시나 있을 사고를 대비해 수영이에게 엄마가 소리쳤지만 이미 수영이는 바다 속을 구경하고 있는 중이라 들리지 않았다.

"여보! 당신이 들어가서 수영이 좀 챙겨 줘요. 물을 너무 좋아해서 너무 깊이 들어가 버리면 큰일 나니까."

"그래. 알았어, 여보. 걱정 마세요! 수영님 보디가드가 간다!"

아버지도 옷을 갈아입고 장비를 착용한 후 수영이 뒤를 곧 따라갔다. 엄마는 수영을 하고 허기가 져서 돌아올 부자를 위해 라면을 준비하고 있었다.

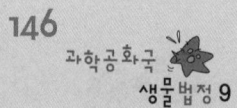

"여보! 여기 전복이 엄청 많아! 여보! 내가 전복 가득 따 갈 테니까 당신 기대해!!"

"우와! 정말요? 나도 들어가서 딸까요?"

"아니야, 내가 많이 따 갈게. 당신은 그냥 먹을거나 준비하고 있어."

"그래요. 많이 따와요."

그때 마침 같은 곳에 스쿠버 다이버들이 나타났다.

"안녕하세요? 그런데 여기 전복 많은 건 어떻게 알고 오셨어요?"

"아, 저희 남편이 이리로 오자고 해서 왔죠. 안 그래도 남편이 전복이 많다며 난리네요. 하하."

"네 맞아요. 여기는 완전 전복 천국이죠. 그래서 이 섬 해녀들도 여기서 전복을 따 간답니다. 저희가 많이 따서 좀 나눠 드릴게요."

"아유! 정말 감사합니다. 조심하세요. 많이 따 오시면 제가 라면 대접할게요. 호호."

"좋죠!!"

스쿠버 다이버들은 갖가지 장비를 착용해서 물속으로 입수했다. 얼마 되지 않아 다이버들은 전복을 한가득 따 왔다.

"우와, 정말 많이 따 오셨네요! 많이 주세요! 라면 많이 드릴게요. 호호."

"라면하고 이거하고는 비교가 안 되죠! 그래도 사모님이 너무 예쁘시니까 많이 드릴게요."

다이버들은 전복을 100개 정도 주고는 또 다시 물속으로 들어

갔다. 수영이 엄마는 너무 좋아 입이 찢어질 정도 였다. 라면에도 전복을 넣고 볶음도 하고 전복 스페셜로 요리를 했다. 그때 전복을 따러간 부자가 물 밖으로 나왔다. 하지만 그들의 손에는 달랑 전복 1개밖에 없었다.

"여보, 여기 스킨 스쿠버 하는 아저씨가 100개 주고 갔어. 당신은 뭐야!"

"아, 진짜 따기 힘들어. 당신이 한번 따 봐!"

"엄마 진짜 힘들어요. 휴. 별거 아닌 것 같은데 잘 안 떨어져요."

"으이구, 다들 얼른 올라 와요. 여기 전복 스페셜 요리가 준비되어있지요. 호호. 수영아. 저 아저씨들한테 라면 먹으러 오라고 해. 우리한테 전복을 엄청나게 많이 준 사람이야."

"네."

수영이는 스쿠버 다이버들이 있는 곳으로 갔다. 하지만 그곳에서는 다이버와 해녀들이 시비가 붙어 다투는 중이었다.

"아유! 당신들 왜 장비를 들고 와서 전복을 이렇게 많이 따 가? 우리가 내려가니 전복이 하나도 없잖아!"

"왜? 억울하면 당신들도 장비를 사서 착용하고 하면 되는 것 아냐? 왜 우리한테 화를 내!"

"허허, 참 나 어이가 없어서. 당신들, 우리 섬 해녀들이 가만히 안 있을 거야! 당장 신고할 거라고!"

해녀들은 당장 생물법정에 다이버들을 신고했다.

전복은 맛도 영양도 뛰어나기 때문에 사람들이 좋아하는 조개이지만 그 수가 적어서 잠수 장비를 하고 마구잡이로 채취해서는 안 됩니다.

여기는 생물법정

잠수 장비를 하고
전복을 따면 안 될까요?
생물법정에서 알아봅시다.

 재판을 시작합니다. 먼저 피고 측 변론하
세요.

 전복은 아주 높은 가격을 받을 수 있는 해

양생물입니다. 전복으로 만들 수 있는 가장 맛있는 요리는 전

복죽인데 이는 다른 죽에 비해 아주 가격이 높지요. 그런데

이렇게 귀한 전복을 대량으로 따기 위해서는 물속에서 오래

잠수할 수 있는 장비가 필요합니다. 그런데 그게 뭐가 잘못되

었다는 건지 이해가 안 가는군요. 억울하면 해녀들도 장비를

구입하면 되잖아요? 안 그렇습니까? 판사님.

 원고 측 변론하세요.

전복 보호 협회장인 김전복 박사를 증인으로 요청합니다.

입이 유난히 큰 거무튀튀한 피부의 남자가 증인석으
로 들어왔다.

 전복은 어떤 동물이죠?

전복은 연체동물에 속하는 조개입니다. 덩치가 크고 넓적한

발을 움직여 기어 다니지요. 전복은 전 세계적으로 100여 종이 있는 데 참전복, 오분자기, 말전복, 시볼트전복, 까막전복 등 여러 종류가 있습니다. 참전복은 환경에 민감하고 몸무게가 120g 정도로 가볍지만, 시볼트전복은 환경에 잘 적응하고 무게가 1kg에 달하며 양식도 가능합니다.

 전복은 뭘 먹고 사나요?

 미역과 다시마 등을 먹고 사는데, 이런 먹잇감이 있는 지역에서 전복들은 한 번 자리를 잡으면 잘 옮겨 다니지 않고 집단 생활을 합니다.

 전복이 왜 유명한 거죠?

 전복은 맛이나 영양 면에서 해산물 중 최고입니다. 그래서 과거로부터 진귀한 음식으로 여겨져 왔지요.

 하긴 전복죽은 먹을수록 맛있어요. 그럼 스쿠버 다이버의 전복 채집을 막는 이유가 있나요?

 수산 자원의 보호와 전복을 잡아 생계를 꾸려 나가는 해녀들의 삶을 보호하기 위해서입니다. 만일 오랜 시간 잠수할 수 있는 장비를 갖춘 다이버들이 전복을 따기 시작하면 전복은 아마 멸종되고 말 것입니다. 그래서 전복의 보호를 위해 장비를 이용하여 전복을 따는 것을 막고 있지요.

 그렇군요. 당연히 보호해 줘야죠. 그렇죠? 판사님.

 같은 생각이에요. 첨단 장비를 이용하여 전복과 같은 해양 생

물을 마구잡이로 따는 것은 수산 자원의 보호 면에서 바람직한 일이 아니라고 생각합니다. 그러므로 잠수 장비를 이용하여 전복을 따는 행위를 불법으로 인정합니다. 이상으로 재판을 마칩니다.

재판이 끝난 후, 해녀들은 환호성을 울렸다. 그리고 해녀들은 정부의 허락을 받아 바닷가에 잠수 장비를 착용하고 전복을 따는 행위를 금지한다는 내용의 경고문을 설치했다.

 전복

전복은 조개류 중 맛과 영양 면에서 으뜸이기 때문에 조개의 황제라고 불린다. 역사적으로는 중국의 진시황제가 죽지 않고 오래 살기 위해서 전복을 즐겨 먹었다고 한다.

푸른점문어

푸른점문어를 애완동물로 키워도 괜찮을까요?

나에게 보물 1호를 말하라고 한다면 나는 어항 속 거청이가 내 보물 1호라고 말할 것이다. 거청이는 아주 귀여운 청거북이다. 거청이를 얻기 위해 나는 엄마가 나에게 걸었던 조건을 모두 해내야만 했다. 엄마가 나에게 걸었던 조건은 두 가지였다. 하나는 중간고사를 반에서 10등 안에 드는 것이며, 다른 하나는 한 달 동안 화장실에서 소변을 보고 난 후, 변기 뚜껑을 내려놔야 한다는 것이었다. 나는 청거북을 위해 정말 열심히 공부했으나, 결과는 반에서 11등이었다. 하지만 다행히 7등이 성적표가 나오기 전에 전학 가는 바람에 성적

표에는 내 등수가 10등으로 적혔다. 그리고 예전에 나는 화장실에서 소변을 본 후 , 변기 뚜껑을 내려놓아야 한다는 사실을 계속 잊어서 엄마한테 혼이 났었다. 하지만 엄마와의 조건을 성실히 수행하기 위해서 화장실 벽에 '소변 후 변기 뚜껑 내리는 것 잊지 말기!' 라고 써 붙여서 다행히 한 번도 잊지 않고 변기 뚜껑을 내릴 수 있었다. 엄마는 그런 나를 무척이나 예쁘게 보셨는지 약속한 한 달이 되던 날, 거청이를 사 오셨다. 그 뒤로 나는 집에 오면 제일 먼저 거청이에게 뛰어 가서 먹이를 준다. 그럼 거청이는 입을 뻐끔뻐끔거리며 먹이를 먹었다. 거청이가 먹는 모습을 보며, 나 역시 거북이 밥을 먹어 봤다.

'으악, 도대체 이걸 무슨 맛으로 먹지?'

나는 도대체 알 수가 없었다. 하지만 거청이는 여전히 맛있게 먹는다. 정말 이상하다.

오늘은 거청이를 깨끗하게 씻어서 사진을 찍어야 한다. 왜냐하면 오늘 숙제가

자신의 보물 1호는 무엇일까요? 사진에 자신의 보물 1호를 담아오세요. 그려도 됩니다.

였기 때문이다. 다행히 우리 집에는 폴라로이드 카메라가 있다. 사진을 찍으면 사진관에 필름을 맡길 필요도 없이 5초 만에 사진

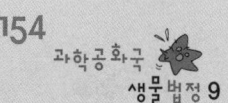

이 나오는 마법 같은 카메라.

　나는 거청이를 깨끗하게 씻겨서 어항에 넣은 뒤, 찰칵 하고 사진을 찍었다.

　'내일 분명 아이들은 나의 보물 1호를 굉장히 부러워하면서 다들 거북이를 사 달라고 집에 가서 떼를 쓰겠지?'

　나는 아이들에게 거청이를 자랑할 생각으로 기대에 부풀어 잠자리에 들었다.

　다음 날 수업시간, 선생님께서는 각자의 보물 1호 사진을 꺼내서 조끼리 돌려가며 보라고 하셨다. 그리고 각 조에서 가장 신기한 보물 사진을 뽑아 칠판에 붙인다고 하셨다.

　'와, 우리 거청이 사진이 칠판에 붙여지겠네?'

　나는 기대를 하며 조원끼리 사진을 돌려 봤다.

　"세상에! 이건 뭐지?"

　동박이의 보물 1호 사진 속에는 크기가 손바닥만한 아주 작은 문어가 찍혀 있었다. 아이들은 그 사진을 서로 보려고 잡아 당겼다. 다른 조 아이까지 달려 와서 그 사진을 보려고 손을 뻗쳤다. 그러자 선생님께서 오셔서 그 사진을 칠판으로 가져가셨다.

　"어머, 동박아. 이게 네 보물 1호니? 혹시 이거 문어 아니니?"

　"예. 선생님, 문어 맞아요. 제 보물 1호는요, 크기가 손바닥만큼 아주 작은 문어인 푸른점문어예요. 요즘 도시에서는 푸른점문어가 애완 문어로 큰 인기를 얻고 있는데, 모르셨어요?"

아이들은 그 얘기를 듣자 모두 부러워하며 동박이를 쳐다봤다. 나 역시도 동박이가 몹시 부러웠다.

그날 방과 후 나는 애완동물점으로 뛰어 갔다.

"아저씨, 손바닥만큼 아주 작은 문어 있어요?"

"아, 푸른점문어 말이구나. 당연히 있지. 요새 애완 문어로 엄청난 인기가 있잖니. 후후. 오늘만 해도 벌써 네 또래쯤 되어 보이는 애들이 10명은 더 물어보고 갔을 게다. 한 마리 줄까?"

"아니요, 지금은 괜찮아요. 며칠 뒤에 다시 올게요."

집에 돌아온 나는 거청이에게로 갔다. 이제 왠지 거청이는 시시해 보였다.

"엄마, 나 문어 한 마리만 사 주면 안돼요?"

"문어? 웬 문어? 갑자기 문어 먹고 싶니?"

"아니, 그게 아니라 요즘 애완 문어가 애들 사이에서 엄청 인기예요. 푸른점문어라고 손바닥만큼 작은 문어인데, 애완용이야. 엄마, 나 그거 기르면 안 돼?"

"애는, 너 거청이는 어떡하고? 거청이나 잘 길러!"

"⋯⋯엄마, 며칠 전에 아빠가 숨겨둔 비상금, 엄마가 몰래 찾아내서 그걸로 화장품 샀죠?"

"어머, 어머! 넌 그건 또 어떻게 알고. 알았다, 알았어. 지금 당장 엄마랑 같이 가서 그 검은점인지, 푸른점인지 아무튼 애완 문

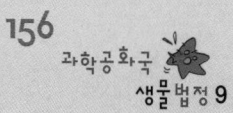

어 사자꾸나."

나는 히히 웃으며 엄마랑 손을 잡고 애완동물점으로 갔다.

"아저씨, 이 애가 말하는 애완 문어 그거 2마리만 좀 주세요."

"2마리요? 예, 알겠습니다. 저기 저 예쁜 어항에 넣어 드릴게요. 이 푸른점문어가 참 인기가 많습니다. 오늘만 해도 벌써 20마리도 넘게 팔린걸요. 하하."

나는 푸른점문어를 2마리 들고는 기분 좋게 집으로 왔다. 나는 집에 돌아와서도 푸른 점문어가 너무 신기해서 계속 어항만 들여다보고 있었다. 이 신기한 걸 나도 가지게 되다니 너무 기분이 좋았다.

'아, 그래. 문어도 씻겨서 사진 찍어 놔야지! 히히.'

나는 문어를 씻기기 위해 어항에 손을 넣었다.

"으악! 엄마!!"

나의 외침에 엄마가 달려 왔다.

"왜? 왜 그러니?"

"으악, 엄마 아파 죽겠어요. 문어가 물었어요."

"뭐? 문어가 물어? 세상에, 이렇게 위험한 걸 애완동물점에서 애완용이라고 팔았단 말이야? 얼른 엄마랑 같이 병원에 가자꾸나."

나는 얼른 엄마와 함께 병원으로 달려가 치료를 받았다. 그리고 돌아오는 길에 애완동물점에 들렀다. 애완동물점은 사람들로 북적북적 거리고 있었다. 그런데 사람들을 보니 애완동물점 아저씨한테 소리를 지르고 있었다. 엄마 역시 달려가서 소리를 지르기 시작했다.

"아니, 이것보세요! 저희 아들이 문어한테 물려서 방금 병원에 다녀왔다구요. 어떻게 그런 위험한 문어를 애완용이라고 팔수가 있죠?"

"맞아요, 제 딸도 지금 병원에서 치료받는 중이예요."

"어머, 우리 딸도 어제 문어한테 물려서 병원 치료 받았어요."

사람들은 분개하여 애완동물점 아저씨에게 고함을 지르며 삶아 먹으려고 하고 있었다.

"우리 이럴 게 아니라 당장 여기 애완동물점을 생물법정에 고소하자구요!"

> 액! 아때! 문어가 물다니!

> 깜짝

> 내 푸른점이 경계색인 거 몰랐어?
> 건드리지 말았어야지!

> 후다닥

> 컥

푸른점문어는 위협을 느끼면 푸른 형광색의 무늬가 나타나는데, 만약
이때 푸른점문어를 건드리면 물릴 수도 있으므로 조심해야 합니다.

푸른점문어는 위험한 문어인가요?
생물법정에서 알아봅시다.

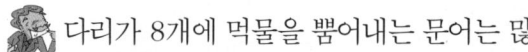

재판을 시작합니다. 먼저 피고 측 변론하
세요.

다리가 8개에 먹물을 뿜어내는 문어는 많
은 사람들에게 즐거움을 줄 수 있는 생물입니다. 이번 사건은
문어에게 장난을 심하게 쳐서 온순한 푸른점문어가 자기 방
어를 위해 사람을 문 것이므로 동물에게 장난을 친 사람에
게 잘못이 있지 문어에게는 잘못이 없다는 것이 본 변호사의
생각입니다.

원고 측 변론하세요.

문어연구소 소장인 김팔족 박사를 증인으로 요청합니다.

40대의 몸이 삐쩍 마른 남자가 연체동물처럼 몸을
흐느적거리면서 증인석으로 들어왔다.

증인은 문어 전문가죠?

그렇습니다.

푸른점문어는 어떤 문어죠?

 푸른점문어는 크기가 사람의 손바닥만합니다.

 정말 작은 문어군요.

 크기는 작지만 만만하게 보면 안 됩니다.

 그건 왜죠?

 푸른점문어는 위협을 느끼면 푸른 형광색의 무늬를 만들어 냅니다. 이것은 자신을 건드리지 말라는 일종의 경고입니다. 이때 푸른점문어를 건드리면 날카로운 이빨로 물기 때문에 조심해야 하지요.

 이빨에 물리면 어떻게 되죠?

 푸른점문어의 이빨에는 복어의 독과 비슷한 성분인 테크로도 톡신이 들어 있습니다. 이 독이 상처를 통해 사람의 피에 들어가면 아주 치명적이지요.

 무시무시하군요. 작다고 깔보면 안 되겠어요. 판사님, 그렇죠? 판결 부탁합니다.

 판결은 간단합니다. 독이 있는 복어를 요리로 다룰 때는 자격증이 있는 요리사만이 다루어야 하듯 이렇게 치명적인 독을 가지고 있는 푸른점문어를 애완용으로 판매한다는 것은 마치 사자를 집에서 키우는 것처럼 위험한 일이라고 생각합니다. 그러므로 피고인 애완동물점은 푸른점문어의 판매를 당장 중지해야 할 것입니다. 이상으로 재판을 마치겠습니다.

재판이 끝난 후, 과학공화국의 모든 애완동물점에서는 푸른점
문어나 복어와 같이 독이 있는 생물의 판매가 금지되었다.

문어의 발

문어는 여덟 개의 발을 가지고 있어서 '옥토퍼시'라고 부른다. 문어의 여덟 개의 발은 각각의 길이
가 거의 같고 몸통 길이의 세 배 정도 된다.

청자고둥 요리

청자고둥을 만질 때는 왜 조심해야 할까요?

"요즘 우리 마을에 조개·고둥 식당이 너무 많아져서 큰일이야. 내가 차릴 때만 해도 우리 마을에 이 식당 하나밖에 없었는데, 요즘은 한 걸음 가면 조개·고둥 식당, 또 한 걸음 가면 조개·고둥 식당이니 이거 어디 먹고 살겠어?"

"여보, 그렇지 않아도 요즘 점점 식당 매출이 떨어지고 있어요. 어쩌면 좋죠? 조금 있으면 이제 애들 고등학교 가고, 대학교 가고 해서 돈이 많이 들 텐데…."

구영이는 아빠와 엄마가 식당에 앉아서 걱정하는 소리를 진지

한 얼굴로 귀 기울여 듣고 있었다. 구영이는 엄마, 아빠의 걱정 소리에 마음이 아팠다.

"야, 똥구멍! 집에 있어?"

갑자기 친구들이 구영이네 식당 앞으로 와서 구영이를 불렀다. 구영이는 '똥구멍'이라는 말에 화가 나서 얼른 식당 앞으로 뛰어 나갔다.

"뭐야? 내가 왜 똥구멍이냐? 이 자식들이!!"

"히히, 이름이 동구영이니까, 똥구녕 즉 똥구멍이란 말씀이지 히히. 우리 야구장 놀러 갈 건데 너도 같이 가자."

"휴, 철 안 든 너희들이나 가. 이 몸은 지금 고민이 있어서 너희들이랑 같이 야구나 볼 군번이 아냐. 알겠어?"

"고민? 구영이 너 무슨 고민 있어? 이 자식 안 그래도 표정이 안 좋네. 형님한테 얘기해 봐. 친구 좋다는 게 뭐냐? 이럴 때 같이 힘을 합쳐야 되는 것 아냐?"

"맞아, 얼른 얘기해 봐. 우리가 해결해 줄게."

친구들의 말에 구영이는 한숨을 쉬며 말을 꺼냈다.

"휴. 너네, 우리 집이 조개·고둥 식당 하는 것 알지? 그런데 솔직히 요즘 우리 마을에 조개·고둥 식당이 많이 생겼잖아. 그래서 그런지 우리 집이 영 장사가 안 되어서 부모님이 많이 힘들어 하셔."

순간 아이들은 조용해지며 장난기가 사라지고 진지한 얼굴이 되었다.

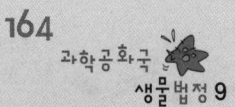

"구영이 너 정말 많이 고민 되겠다. 부모님이 힘들어 하는 모습 볼 때 나도 제일 힘들었어. 우리 다 같이 구영이네 장사 잘 되게 하는 법을 연구해 보자. 오늘 야구는 땡이다!!"

"그래그래, 친구를 도와야지. 야구가 무슨 소용 있어? 히히. 구영아, 우리만 믿어."

구영이와 친구들은 머리를 맞대고 의논하기 시작했다.

"구영아, 너희 가게 한 모퉁이에서 '타로점'을 무료로 봐주는 건 어떨까? 타로점은 여자나 아이들이 특히 좋아하니까 괜찮을 것 같은데."

"타로점? 나 그거 볼 줄 모르는데? 그리고 타로카드는 어디서 사냐? 또 나 같은 어린애가 타로점 봐드립니다, 하면 손님들이 잘도 믿겠다."

"음, 그럼 구영아, 너희 집 종업원들 얼굴에 다 인형 탈을 쓰고 서빙 하는 건 어때? 놀이동산 가니까 아이들이 인형 탈 볼 때마다 신기해하고 같이 사진도 찍더라. 꼬마 손님들이 많이 오지 않을까?"

"오! 그거 괜찮은데? 왜냐면 아이들은 의외로 조개 요리를 싫어해서 잘 안 오려고 하거든. 그러니까 인형 탈을 쓰고 서빙하면 아이들이 재미있어 하면서 엄마, 아빠에게 계속 우리 식당에 가자고 하겠지? 그런데 이 더운 날에 인형 탈을 과연 쓰려고 할까?"

"구영아, 구영아! 나한테 좋은 생각이 났어. 내가 저번에 어떤 횟집을 갔는데 거기에서 살아있는 생선을 그대로 회를 떠서 주는 거야, 그러니까 회를 먹고 있는데도 생선 아가미가 꿈뻑꿈뻑 움직이는 게 너무 신기하더라. 왠지 이 가게는 정말 신선한 재료만 취급하는구나, 이런 생각도 들고. 너희 식당에서도 살아있는 조개나 고둥을 접시 가운데 올려놓는 게 어떻겠니?"

"와, 그거 너무 좋은 생각이야! 그건 타로카드나 인형 탈처럼 어디서 안 구해 와도 되잖아. 자식들, 너무 고마워. 난 얼른 가서 엄마한테 말해줄게."

구영이는 후다닥 식당 안으로 뛰어 들어 갔다.

"엄마, 엄마! 굿 아이디어가 있어요!"

구영이는 친구들과 의논했던 일들을 엄마에게 말하기 시작했다.

"그러니까 엄마, 손님들을 위해 살아 있는 조개나 고둥을 접시 가운데 올려놓는 거예요. 어때요? 손님들에게 볼거리도 제공하면서 신선미를 더욱 강조해서 손님을 끄는 거예요."

구영이의 엄마는 구영이를 보며 환하게 웃었다.

"엄마는 장사가 잘 되든, 못 되든 우리 구영이 같은 아들 있어서 너무 행복하단다. 호호. 그러면 우리 구영이가 열심히 짜온 전략이니까 어디 한번 그렇게 해 볼까?"

다음 날부터 구영이 엄마는 손님에게 나가는 조개와 고둥요리 접시 가운데 살아있는 청자고둥을 올려놓았다. 많은 손님들이 그것을 보며 신기해했고, 소문에 소문이 꼬리를 이어 점차 구영이네 식당에는 많은 손님들이 모이게 되었다.

"이 집이 살아있는 고둥을 접시 가운데 올려놓는다는 집이지?"

"맞아, 이 집이야. 살아있는 고둥을 보면서 먹으면 식욕이 생겨서 몇 인분 더 시키게 된다니까. 하하."

"아주머니, 여기 조개. 고둥 요리 모둠으로 주시구요, 그 살아있는 고둥 꼭 접시 가운데 올려 주세요."

"예, 얼른 가져다 드릴게요."

구영이 엄마는 신이 나서 얼른 접시를 내갔다.

"와, 정말 살아있는 고둥이 접시 위에 있네. 아주머니, 이 고둥 이름이 뭐예요?"

"예, 그건 청자고둥이에요. 호호, 맛있게 드세요."

말을 마치고 구영이 엄마가 돌아서려는 순간, 손님이 소리를 질렀다.

"악! 이게 뭐야! 어이쿠, 아파!"

갑자기 청자고둥에서 혀가 사람의 손으로 발사되고 손님은 아프다고 난리를 부렸다.

"이게 뭐야, 식사하러 와서는 이렇게 부상을 당하다니! 어이쿠, 아파라! 내 이 식당을 당장 생물법정에 고소해 버릴 테다!"

청자고둥의 치설은 강력한 독이 들어 있는데다
작살처럼 발사도 할 수 있습니다.

과학공화국
생물법정 9

청자고둥은 독을 가지고 있을까요?
생물법정에서 알아봅시다.

재판을 시작합니다. 피고 측 변론하세요.

피고는 가게의 영업이 잘 되기 위해 가
게에 오는 손님들의 눈요깃거리로 고둥
을 직접 식탁으로 내어 와 보여 주는 방법을 사용했습니다.
고둥을 보여 주자 손님들은 재미있다는 눈으로 고둥을 구경
했습니다 그런데 갑자기 한 손님이 청자고둥에서 혀가 나와
독을 뿜었다고 했지요. 그게 말이 됩니까? 고둥에 어떻게
혀가 있을 수 있습니까? 그런데다 독이 있다니요? 고둥이
무슨 복어입니까?

너무 감정적으로 변론을 하시는 것 같네요. 원고 측의 주장도
들어봐야겠습니다. 원고 측 변론하세요.

어류 전문가이신 보거닮아 씨를 증인으로 요청합니다.

배가 불룩하게 튀어나온 한 남자가 증인석으로 나
왔다.

고둥은 어떤 것을 말하는 것입니까?

연체동물 중에서 가장 많은 종을 가지고 있는 고둥은 갯바위에서 뿐 아니라 해조류가 무성한 곳이나 민물에서도 쉽게 발견할 수 있습니다. 그래서 고둥이 무엇이냐고 물으셔도 '이것이다' 라고 딱 집어서 말씀드리기가 어렵습니다. 왜냐하면 고둥이란 용어는 어떤 특별한 동물을 지칭하는 것이 아니라 넓고 편평한 발을 이용해 기어 다니는 소라와 다슬기, 우렁이 따위를 두루 일컬을 때 쓰기 때문입니다.

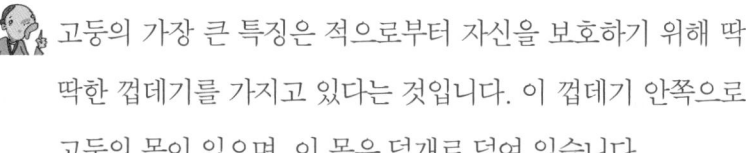 고둥이라고 부르는 것들의 특징이 있나요?

고둥의 가장 큰 특징은 적으로부터 자신을 보호하기 위해 딱딱한 껍데기를 가지고 있다는 것입니다. 이 껍데기 안쪽으로 고둥의 몸이 있으며, 이 몸은 덮개로 덮여 있습니다.

그렇군요. 고둥은 무엇을 먹고 삽니까?

고둥은 껍데기 밖으로 몸을 내밀어 치설로 해조류를 갉아먹거나 해조류에 붙어있는 작은 생물체를 먹고 삽니다. 그래서 해조류가 무성한 곳을 살펴보면 쉽게 고둥을 발견할 수 있습니다.

그렇다면 치설이 뭐죠? 그리고 고둥에도 독이 있을 수 있습니까?

물론입니다. 고둥 등의 연체동물에게는 치설이라는 기관이 있습니다. 치설은 혀와 같은 모양을 가지며 굽은 이빨이 차례로 늘어서 있는데, 여기에 있는 근육을 반복적으로 수축하

고 이완시키면서 해조류를 갉아먹거나 작은 생물체를 잡아먹을 수 있습니다. 고둥류 중 맹독성을 가지고 있는 청자고둥의 경우 치설이 작살 모양으로 변형되어 발사시킬 수도 있습니다. 이때 발사되는 청자고둥의 치설에는 강력한 독이 들어 있어 먹잇감을 기절시키거나 적의 위협으로부터 벗어날수 있습니다.

알겠습니다. 판사님, 이번 사건은 고둥에 독이 있는가, 없는가의 문제로 인해 일어난 사건으로 증인을 통해 고둥 중청자고둥에는 맹독이 있다는 것을 알 수 있었습니다. 따라서 고둥의 독 때문에 상처를 입었다는 원고의 말은 사실이므로, 피고는 원고의 피해에 대해 보상할 필요가 있다고 생각합니다.

판결합니다. 고둥에는 치설 기관이 있고, 그중 청자고둥은치설에서 독을 발사시킬 수 있다는 것이 밝혀졌습니다. 따라서 고둥의 독으로 인해 피해를 입은 원고는 피고에게 피해보상을 요구할 수 있고, 피고는 원고에게 피해를 보상할 뿐만아니라 앞으로 손님들의 식탁에 청자고둥을 내놓지 않도록하십시오. 이상 재판을 마치겠습니다.

재판이 끝난 후, 구영의 엄마는 손님의 피해를 보상해 주고 청자고둥을 손님들의 식탁에 올리지 않았다. 그것을 보고 구영은

자신 때문에 엄마가 더 힘들게 되었다고 생각해서 엄마에게 미안해졌다. 그래서 요즘 구영은 또 다른 획기적인 아이디어를 떠올려 다시 식당을 일으키기 위해 노력하고 있다.

 고둥의 발

고둥의 발은 기어 다닐 때 바닥과의 마찰을 줄이기 위해 점액질을 분비한다. 그리고 위협을 느끼면 고둥은 발을 딱딱한 껍질 속에 숨긴다.

홍합과 진주담치

홍합과 진주담치의 차이점은 무엇일까요?

사건속으로

과학공화국의 해안 도시인 마린 도시에서 어패류 전시회가 열렸다. 어패류에 관심 있는 많은 사람들이 마린 도시로 몰려들었다.

"빵빵! 빵빵! 이거 왜 이리 차가 막혀? 한 시간째 제자리구먼."

"아빠, 도대체 언제 도착해? 나 화장실 가고 싶어."

"조금만 참아, 이제 곧 도착해."

"이제 곧 도착한다는 말은 출발할 때부터 했잖아. 그때부터 참아서 지금 배가 터질 지경이란 말이야! 어디 오줌 눌 곳 없어?"

"꽉 막히는 도로에서 오줌 눌 곳이 어디 있어? 조금만 참아."

오공이는 화장실이 너무 가고 싶어서 점점 울상이 되었다. 그러나 차는 계속 막혀 한 시간째 그 자리에 그대로 있었다. 오공이는 급한 마음에 차문을 열고 냅다 뛰었다.

"아빠, 나 화장실 좀 갔다 올게. 출발하지 마!"

오공이는 배를 움켜쥐고 도로를 뛰었다. 하지만 가도 가도 마을은 보이지 않고, 산과 논뿐이었다.

"에잇, 해안 도시인 마린 도시 가는 거라고 했으면서 왜 주위에 산과 논밖에 없냐고? 그럼 아직도 한참 멀었다는 얘기잖아! 으악, 도저히 못 참겠다."

오공이는 산길로 뛰어올라가기 시작했다. 그리고는 커다란 소나무 뒤에 몸을 가리고 시원하게 볼일을 봤다.

"히히, 어이쿠 시원해. 나무야, 미안해."

오공이가 볼일을 보고 내려오자 아뿔싸! 아빠 차가 보이지 않았다. 막히던 도로는 어느새 풀려 차들은 씽씽 달리고 있었다. 오공이는 두리번거리며 다시 한 번 아빠 차를 찾았지만 아빠 차는 여전히 보이지 않았다.

오공이는 지나가던 차를 향해 손을 흔들었다. 어린아이가 차를 향해 손을 흔들자, 웬일인가 싶어서 차가 멈췄다.

"아저씨, 혹시 마린 도시 가시는 길이면 저 좀 태워 주시겠어요?"

"마린 도시? 마린 도시 가는 길이긴 하다만…… 그래, 우선 타거라."

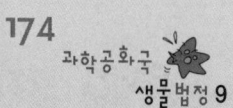

오공이는 좋아라하며 얼른 차에 올라탔다.

"어쩌자고 너 혼자 이렇게 있는 거냐?"

오공이는 아빠와 헤어지게 된 경위를 설명했다. 그리곤 한 마디를 덧붙였다.

"아마 어패류 전시회에 가면 볼 수 있을 거예요. 아빠는 어패류 전문가라서 계속 어패류 전시회 얘기밖에 안 했거든요. 분명 저도 까맣게 잊고 거기서 전시회를 보고 있을 걸요?"

"하하하, 그러니? 마침 아저씨도 어패류 전시회에 간단다. 이 아저씨가 어패류 전시회를 개최한 사람들 중에 한 명이거든."

"우와, 아저씨. 정말 대단한 분이네요. 히히."

오공이는 그렇게 아저씨 차를 타고 어패류 전시관에 도착했다.

"자, 얼른 너희 아버지를 찾아 보거라."

"아저씨, 태워 주셔서 감사합니다."

오공이는 전시회관 안에서 아버지를 찾아 두리번두리번 거렸다. 역시 아버지는 전시되어 있는 어패류 앞에 서서 무언가를 열심히 쓰며 보고 있었다.

"아빠!"

"이런, 오공이 어디 갔다 왔냐? 너 화장실 다녀온다더니 설마 이 전시회관 화장실을 이용한 거야?"

"헐, 아빠는 제가 출발하지 말라고 했는데 왜 먼저 가버린 거예요? 얼마나 찾았는지 아세요?"

"하하, 갑자기 도로 정체가 풀리지 뭐야. 그 순간 '어이쿠! 빨리 가야겠구나!' 라는 생각이 들어서 잠깐 너마저 잊고 말았단다. 그래도 네가 전시회관 화장실을 쓸 줄은 몰랐어. 그러고 보니 너, 급한 게 아니었나 보구나. 후후."

오공이는 할 말을 잃고 그냥 아빠와 함께 전시되어 있는 어패류를 구경하기 시작했다.

"아빠, 아빠! 저기 홍합이라고 쓰여 있는 거 있잖아요. 저게 우리가 삶아 먹는 것 맞죠?"

"맞긴 맞다만, 저건 홍합이 아니라 진주담치라고 하는 거야. 어패류 전시회를 한다더니 엉망으로 이름을 갖다 붙여 놨구먼."

오공이의 아빠는 본부실 측으로 가서 총책임자를 찾았다.

"여기 총책임자 좀 불러 주시오."

마침 나오는 사람은 바로 오공이를 태워 준 그 아저씨였다.

"당신이 총책임자요?"

"그렇습니다만, 무슨 일이십니까?"

"어패류 전시회를 열려면 정확한 지식을 가지고 열어야지, 왜 어패류 이름을 잘못 기재해 놓은 것이오?"

"그게 무슨 말씀인지?"

"저기 전시되어 있는 홍합은 홍합이 아니라 진주담치라고 하는 것이오. 알겠으면 당장 이름을 바꾸시오."

"하하, 이 사람 좀 보게. 홍합을 보고 홍합이 아니라 진주담치라

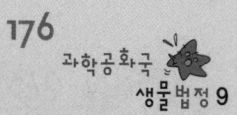

니! 시끄럽게 전시회관 안에서 소란피우지 말고 썩 나가."

"뭐? 나가라고? 내가 올바른 지식을 가르쳐 줬는데도 끝까지 우겨? 좋아, 내가 당신을 당장 생물법정에 고소하겠어! 이 어패류 전시회는 엉터리라고!"

홍합은 담치의 일종으로 우리나라에서 많이 나던 조개였으나 최근에는 진주담치에 밀려나 그 수가 크게 줄어들었습니다.

여기는 생물법정

홍합과 진주담치는
어떤 차이가 있을까요?
생물법정에서 알아봅시다.

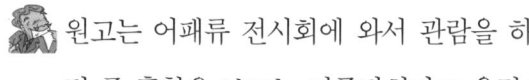

재판을 시작합니다. 피고 측 먼저 변론하
세요.

원고는 어패류 전시회에 와서 관람을 하
던 중 홍합을 보고는 진주담치라고 우겼습니다. 분명히 홍합
인데, 그것을 보고 진주담치인지 뭔지 하는 것과 헷갈려한 것
입니다. 그런데다 원고는 도로 한복판에 자신의 아들을 놔두
고 잊어버린 채 전시회에 혼자 왔습니다.

그게 사건과 무슨 상관이 있지요?

뭐, 상관은 없지만…. 아들까지 깜빡할 정도로 괴짜인 사람이
하는 말을 어떻게 믿겠습니까? 원고의 주장은 말도 안 되는
소리입니다.

매번 논리적이지 못한 변론을 하시는군요. 어떻게 변호를 맡
게 되었는지 궁금합니다.

뭐라고요?

흠, 넘어가겠습니다. 원고 측 변론해주십시오.

진주담치 양식업을 하시는 양식해 씨를 증인으로 요청합니다.

얼굴이 거무스름하게 탄 한 남자가 증인석으로 나
왔다.

 홍합과 진주담치는 서로 다릅니까?

 물론입니다.

 피고는 홍합을 전시회에 전시했다는데 홍합과 진주담치의 차
이점은 무엇입니까?

 우선 크기에서 차이가 납니다. 홍합은 길이가 140mm에 높
이가 70mm 정도이며, 진주담치는 길이가 70mm에 높이가
40mm 정도입니다. 홍합은 껍데기가 두껍고 안쪽에 강한 광
택이 나는데 반해, 진주담치는 껍데기가 얇고 광택이 없습니
다. 또 홍합은 껍데기의 뒤 가장자리 부분이 구부러져있습니
다만, 진주담치는 곧고 날씬한 편입니다. 또한 홍합은 껍데기
에 다른 생물 등이 붙었던 흔적이 많아 다소 지저분하게 보이
는데, 대량으로 양식이 이루어지는 진주담치는 표면이 매끄
럽고 깨끗한 편이며 배 쪽이 자줏빛을 띱니다. 그리고 홍합은
진주담치에 비해 조갯살이 크며 맛이 담백합니다.

 그렇군요. 홍합에 대해 조금만 더 설명해 주시겠습니까?

 홍합은 조갯살이 붉어서 붙여진 이름입니다. 홍합을 일컬어
'동해부인' 이라고도 하는데, 이는 홍합이 주로 나는 곳이 동
해바다이고 홍합의 모양새가 여성의 생식기를 닮은 데서 유

래한 것입니다. 홍합은 연안 갯바위 등에 사는데 필요에 따라 성 전환을 하며, 암컷은 붉은색을 띠고 수컷은 흰색을 띱니다. 일반적으로 암컷의 맛이 좋지요. 최근에 번식력이 강한 진주담치가 우리나라 연안을 거의 점령하다시피 하면서 홍합을 발견하기가 어려워졌지만, 육지에서 멀리 떨어진 울릉도를 비롯한 남해안의 섬 근처에는 아직도 홍합이 있습니다.

 판사님, 이처럼 홍합과 진주담치는 비슷하지만 서로 차이점이 있는 다른 종입니다. 증인이 말한 홍합과 진주담치의 차이점에 따르면 전시회에 있었던 홍합은 홍합이 아니라 진주담치입니다. 원고의 말이 맞았던 것이지요. 따라서 피고는 자신의 잘못을 인정해야 한다고 생각합니다.

판결합니다. 증인의 말을 들어보니 어패류 전시회에 전시되어 있던 홍합은 원고의 말대로 홍합이 아니라 진주담치가 맞는 것 같습니다. 피고는 전시회의 총책임자이면서도 전시회에 전시된 생물이 어떤 것인지도 확실하게 몰랐던 것을 반성하시길 바랍니다. 또한 전시되어 있는 진주담치 앞에 홍합이라고 쓰여 있는 팻말 대신 진주담치라는 팻말을 달 것을 명령하며, 어패류의 종류에 대해 다시 교육을 받을 것을 제안합니다. 이상으로 재판을 마칩니다.

재판이 끝난 후, 총책임자는 자신의 잘못을 인정하고 신속히 홍

합이라는 팻말을 진주담치로 바꾸었다. 오공이는 아빠의 말대로 진주담치가 맞다는 것이 밝혀지자 아빠가 자랑스럽게 느껴졌다. 그래서 도로 한복판에 자신을 두고 온 것을 잊어 주기로 했다.

홍합밥

울릉도에서는 깨끗한 바다에서 잡은 홍합을 잘게 썰어 밥을 지은 후 양념으로 비벼먹는데 이것을 홍합밥이라고 부른다. 요즘 홍합밥은 울릉도를 찾는 사람들에게 유명한 울릉도의 대표적인 먹을거리이다.

사람 잡는 대왕조개

사람을 죽음에까지 이르게 할 수 있는 조개가 있다는 것이 사실일까요?

사건속으로

해순이는 조개 마을에 자리 잡고 있는 조개 대학
교 학생이다. 도시에서 태어나 도시에서만 자란 그
녀는 태어나서 경운기를 한 번도 본 적이 없었으며
황소도 책에만 나오는 동물이라는 생각을 가지고 있던 아이였다.

그런 해순이가 대학교를 정할 때쯤 집에 한 가지 선언을 했다.

"엄마, 저는 대학은 어촌이나 농촌으로 갈 거예요. 전요, 지하철
없는 도시를 생각해 본 적이 한 번도 없어요. 하지만 우리 공화국
대부분의 마을에는 지하철이 깔려 있지 않다는 얘기를 들었어요.
어디 그 뿐이에요? 저는 집 앞에만 나가면 바로 편의점이 있지만,

어떤 동네에는 라면 하나 사려고 몇 시간을 걸어가야 한대요. 엄마, 저도 이젠 다 큰 어른이에요. 저도 다른 문화도 체험해 보고 싶고, 고생도 한번 해보고 싶어요. 젊을 때 고생은 사서도 하는 거잖아요."

부모님은 해순이의 그런 뜻을 아주 좋게 받아들여 주셨다.

"좋아, 해순아. 네 뜻이 그렇다면 네가 원하는 곳으로 대학을 가렴."

이렇게 하여 도시 소녀 해순이는 조개 마을의 조개 대학교 학생이 되었다. 처음 해순이가 마을에 온 날, 해순이는 자기가 살던 곳과는 다른 냄새가 나는 것을 느꼈다.

"어머, 이 짠내는 뭐지? 아, 그래. 이건 바다의 향기야. 와! 정말 신기해."

해순이는 바다의 향기를 맡고선 마침내 자신이 조개 마을로 왔다는 사실을 새삼 다시 느꼈다.

조개 마을은 자신이 살던 도시와는 많이 달랐다. 하지만 해순이 특유의 발랄함과 친근함으로 학교에서 많은 친구들을 사귀게 되었다.

"얘, 해순아. 아빠가 지금 오징어 낚시하러 갈 거라는데 너도 같이 갈래?"

"뭐? 어떻게 이 밤에 오징어 낚시를 하니? 호호, 아무것도 안 보이잖아. 오징어가 낚시에 걸렸는지 안 걸렸는지도 모르겠다, 얘."

"어머, 역시 도시 소녀! 호호, 모르면 잠자코나 있으셔. 오징어

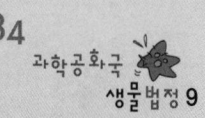

는 밤에 낚시하는 거라고. 갈 거야? 안 갈 거야?"

"그래? 그럼 미나야, 나도 따라가 볼래."

해순이가 따라가 보니 캄캄한 바다에 자기들의 배만 환하게 빛이 났다.

"어머, 전구를 연결해서 이렇게 배를 환하게 만드는구나. 그런데 배가 환하면 뭐해? 바다 속이 보이질 않는걸."

"얘는, 이렇게 환한 불빛을 보고 오징어들이 모여드는 거야. 그때 우리가 그물을 올리면, 오징어는 K.O.라고. 알겠어?"

"와, 오징어는 그렇게 잡는 거구나. 정말 신기해."

해순이와 미나가 그렇게 떠들고 있는 사이, 어느새 미나의 아버지는 오징어를 잔뜩 잡으셨다. 그리고 순식간에 그 자리에서 칼로 회를 쳐서 오징어 회를 만들어 해순이 앞에 내놓았다.

"도시에서 온 친구라고 했지? 한번 먹어 봐."

"아니, 이렇게 바로 먹어도 되는 거예요? 어디 한번, 우와! 진짜 쫄깃쫄깃해. 입안에 쫙쫙 달라붙는걸. 정말 맛있다."

"그것 봐. 호호. 오길 잘했지? 근데 해순아, 나 내일부터 조개 따는 아르바이트 할 건데 너도 같이 할래? 왠지 넌 돈 고민이 없을 것 같아서 같이 하자는 말을 하기가 꺼려지네."

"얘는, 내가 왜 돈 고민이 없어! 호호, 그래. 같이 하자. 나야 다양한 경험 많이 쌓을수록 좋지 뭐. 와, 오늘은 싱싱한 오징어 먹고 내일은 조개 먹고! 호호, 돈 벌고 조개도 먹고! '꿩 먹고 알 먹고'네."

다음 날 아침 일찍 해순이와 미나는 바닷가에서 만났다.

"우와, 우리 말고도 아르바이트생들이 엄청 많네."

"당연하지, 지금이 조개 철이잖아. 요즘 조개가 엄청 맛있어."

"어서 오세요. 해순 양이랑 미나 양이죠? 바다 속에 들어가서 조개를 따 오면 되는 거예요. 조개를 딴 만큼 수당이 달라지니 명심하세요."

해순이와 미나는 잠수복을 입고 배를 타고 바다로 나갔다.

"그런데 사장님, 조개는 한 번도 안 따 봤는데 위험하지는 않을까요?"

"호호, 얘는. 조개 따는데 무슨 비법이 필요한 줄 아니? 그냥 보이면 따서 바구니에 넣으면 되는 거야."

해순이는 사장님의 말을 듣고 배에서 점프해 바다 속으로 들어갔다. 바다 속으로 들어가 한참 조개를 따고 있는데 해순이의 눈에 거대한 조개가 눈에 보였다.

"와, 진짜 크네. 저걸 따 가지고 가면 수당을 몇 배로 받겠지? 호호."

해순이는 거대한 조개 쪽으로 헤엄쳐 갔다. 그리고 거대한 조개를 들기 위해 손을 내미는 순간, 거대한 조개가 입을 쫙 벌리더니 해순이의 팔을 덥석 물어 버렸다.

"으악! 뭐야?"

너무 놀란 해순이는 팔을 빼려고 이리저리 발버둥을 쳤지만 팔

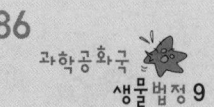

은 쉽게 빠지지 않았다. 그때 마침 그 모습을 본 미나가 바닥에 있던 큰 돌을 주워 거대한 조개를 향해 던졌다. 그러자 조개가 스르르 입을 벌렸고 해순이는 그 순간을 이용해 팔을 뺀 뒤 재빨리 헤엄을 쳐 바다 위로 올라갔다.

"해순아? 팔 어때? 괜찮아?"

어느 새 바다 위로 올라온 미나가 말했다. 해순이의 팔은 상처로 피범벅이 되어 있었다.

해순이는 아직도 놀란 가슴을 진정시킬 수가 없었다. 해순이는 얼른 배 위로 올라가서 응급조치를 취했다.

"사장님, 처음부터 큰 조개가 있으니 위험하다고 말했어야죠! 제가 얼마나 놀란 줄 아세요? 제가 이렇게 부상까지 입게 되었으니 사장님께서 보상하세요."

"흥! 뭐? 보상? 이것 봐, 조개가 크면 얼마나 크다고 보상이야? 조개가 아무리 커 봤자 조개야, 알아? 자기가 부주의해 놓고선."

"뭐라고요? 보상해줄 수 없다면 당장 사장님을 고소하겠어요!"

해순이는 조개에 물린 상처를 인정해 주지 않는 사장님의 태도에 억울함을 느끼고 생물법정에 도움을 요청했다.

대왕조개는 길이가 1.5m에 무게가 200kg에 이르는
세상에서 가장 큰 조개입니다.

대왕조개는 위험한 생물인가요?
생물법정에서 알아봅시다.

 재판을 시작합니다. 원고 측 변론해주세요.

조개잡이 전문가 다잡아버려 씨를 증인으로 신청합니다.

서글서글한 인상을 가진 키가 큰 한 남자가 증인석으로 나왔다.

원고가 크기가 큰 거대한 조개를 봤다고 했는데 가장 크기가 큰 조개는 그 크기가 얼마나 되나요?

가장 큰 조개는 길이가 1.5m가 넘는 조개도 있습니다.

길이가 1.5m가 넘는다고요? 왕조개군요?

그래서 그 조개의 이름이 대왕조개입니다. 이 조개는 주로 일본과 대만 사이의 바다에 살고, 수면에서 깊이 200m에 이르는 곳까지 사는 조개로 길이가 1.5m에 무게가 200kg에 이릅니다. 이들은 다른 조개와 마찬가지로 평소에는 입을 벌리고 먹잇감을 찾다가 위기를 느끼면 본능적으로 입을 다물어 버립니다. 만약 별다른 장비 없이 조개 입에 물리게 되면 물속에서 바로 죽을 수도 있습니다. 그래서인지 이들에게는 식인조개라는 무시무시한 이름이 붙었습니다.

판사님, 증인의 말에서 알 수 있듯이 대왕조개는 길이가 1.5m가 넘을 정도로 큰 조개입니다. 조개가 커 봤자 조개라는 피고의 말과는 달리 대왕조개를 만난다면 분명 큰 피해를 입게 되지요. 원고는 증인이 설명한 대왕조개를 만나 피해를 입은 것으로 보입니다. 따라서 이 피해에 대해 피고는 원고에게 보상을 해 주어야 한다고 생각합니다.

팔 하나가 피로 물들 정도였다면 큰 상처인 것 같은데, 위험한 상황이었을 것 같군요. 피고 측 변론하십시오.

말도 안돼요! 1.5m짜리 조개가 어떻게 있을 수 있어요? 원고 측은 증인과 짜고서 사기를 치는 거예요! 피고는 보상할 수 없어요! 안 합니다!

피고 측 변호사는 감정적으로 변론을 하는 것에 대해 주의를 해야겠습니다. 신성한 법정에서 사기를 치다니요! 원고가 요청한 증인의 증언을 들었을 때 대왕조개가 있다는 것은 사실이고, 원고에게 피해를 준 조개는 대왕조개가 확실하다고 생각됩니다. 따라서 이렇게 큰 위험이 있는데도 한 번도 조개를 따본 적이 없는 원고에게 조개를 따게 한 피고는 잘못이 있습니다. 따라서 피고는 원고의 치료에 필요한 치료비를 지불하고, 그 외에 정신적 피해 보상도 해 주는 것이 좋겠습니다.

　재판이 끝난 후, 해순은 2주가 넘도록 병원에서 치료를 받았다. 하지만 해순은 이것도 하나의 경험이라며 오히려 조개 마을은 매력이 있는 곳이라고 웃음 지었다.

백합조개과

백합조개과에 속하는 조개는 크기가 큰 백합조개부터 크기가 작은 바지락까지 여러 종류가 있는데 이들은 껍데기에 아름다운 무늬가 새겨져 있다.

카멜레온 오징어

오징어의 색깔은 왜 변하는 걸까요?

사건속으로

〈8월 12일 또치의 일기〉

나는 내 짝지 수미가 너무 좋다. 수미는 웃는 모습이 참 귀엽다. 오늘 수미가 나더러 지우개를 빌려 달라고 했다. 나는 속으로 너무 기분이 좋았다. 하지만 앞에 앉은 철수가 쳐다보는 순간 나도 모르게 이렇게 말해 버렸다.

"야, 넌 학교에 지우개도 안 가지고 다니니? 내 지우개를 왜 널 빌려줘?"

그 순간 수미의 얼굴이 일그러졌다. 나는 내 입과 철수가 너무 원망스러웠다.

그날 오후, 우리 반 남자애들과 여자애들 사이에 전쟁이 일어났다. 남자애들이 교실 뒤에서 레슬링을 하고 있었는데 여자애들이 교무실로 쪼르르 달려가서 담임선생님께 일러바친 것이다. 화가 난 담임선생님은 우리 남자애들 엉덩이를 야구 방망이로 3대씩 때렸으며, 운동장 토끼뜀을 5바퀴나 시켰다. 그래서 우리 반 남자아이들은 여자아이들에게 전쟁을 선포했다.

다시는 여자아이들과 놀지도 않고 말도 하지 않기로 말이다. 나는 너무 슬펐다. 이제 수미와 나의 책상 사이에는 줄이 그어졌다.

'아, 수미에게 말을 걸고 싶다.'

〈8월 13일 또치의 일기〉

우리 반 남자애들은 참 이상하다. 아무리 내가 같은 남자지만 이해가 안 된다. 전쟁을 선포한 지 겨우 하루가 지났는데 남자 아이들은 어느 새 그 약속을 잊었는지 여자 친구들과 아무렇지 않게 얘기를 하며 놀고 있다. 나는 어제 수미에게 얘기하고 싶은 걸 꾹 참았는데 괜히 참았다는 생각이 든다. 수미는 저쪽에서 친구들과 방긋방긋 웃으며 얘기를 나누고 있다. 역시 웃는 모습이 참 예쁜 것 같다. 수미의 웃는 모습을 바라보고 있는데 철수가 나에게 말을 걸었다.

"또치야, 수미 웃는 모습 너무 예쁘지 않아? 수미는 참 귀엽고 예쁜 것 같아."

나는 그 말을 듣는 순간 손에 들고 있던 연필을 부러뜨려 버렸다.

'이럴 수가! 철수가 수미를 좋아하다니! 가장 가까이 있는 친구가 적이었어! 어쩐지 철수가 앞으로 앉아 있는 시간보다 내 쪽으로 뒤돌아 앉아 있는 시간이 더 많더라니!'

나는 오늘 점심시간에 철수가 축구하자는 말을 못 들은 척 하고 교실에 앉아있었다. 이제 어떻게 해야 하지?

수업을 마치고 나는 멍하니 집으로 걸어갔다. 철수 생각에 오늘 하루 종일 수업에 집중할 수가 없었다. 그때 누군가가 내 등을 툭 쳤다.

"애, 또치야. 너 왜 그렇게 멍하니 집에 걸어가니? 뒤에서 내가 몇 번이나 부른 줄 알아?"

철수였다. 나는 차마 철수 얼굴을 볼 수가 없었다.

"으악!!"

나는 외마디 소리를 지르곤 혼자 집으로 뛰어가 버렸다. 달리다가 문득 철수를 보니 멍한 표정으로 그 자리에 굳어 있었다.

집으로 돌아와 간식을 먹고 있는데 엄마가 기가 막힌 굿 뉴스를 나에게 말해주셨다.

"또치야, 너 그거 들었어? 작년부터 공사 중이던 오징어 수족관이 드디어 오픈했대. 엄마 오늘 엄마 친구들이랑 갈 건데 너도 같이 갈래?"

"뭐? 오징어 수족관? 진짜? 히히, 내가 거기 엄마랑 왜 같이 가? 내 친구들이랑 갈 거야!"

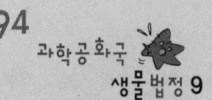

나는 생각했다.

'아자, 수미에게 데이트 신청을 해야지! 오징어 수족관에 같이 가자고 말이야. 그런데 데이트 장소로는 좀 그런가? 아니야, 첫 데이트에 깊은 인상을 남겨줘야 해. 히히.'

〈8월 14일 또치의 일기〉

나는 학교에 가자마자 수미를 찾았다. 그때 내 앞을 가로막는 실내화가 있었다. 고개를 들어보니 철수였다.

"너, 어제 왜 날 보고 소리 지르고 갔냐? 내가 얼마나 깜짝 놀랐는지 알아?"

나는 철수를 보니 측은한 생각이 들었다.

'철수야, 미안. 어쩔 수 없어. 이제 수미는 나랑 같이 오징어 수족관에 갈 거야.'

"아, 너 보고 소리 지른 게 아니라 갑자기 발에 쥐가 나서…."

"발에 쥐가 났다는 녀석이 그렇게 초스피드로 뛰어 가냐?"

"히히, 철수야 우리 오늘 점심시간에 축구하러 갈까?"

나는 괜히 철수의 어깨에 팔을 걸치고는 히히 웃었다. 그때 내 눈에 수미가 들어왔다.

"잠깐만, 수미야!"

나는 수미를 복도로 불러서 말을 꺼냈다.

"수미야, 우리 오징어 수족관에 가지 않을래? 공사 중이던 오징어 수족관이 드디어 오픈했대. 물속에 살아 움직이는 오징어를 보면 정말 신기할 것 같지 않아?"

"와, 정말 오픈했대? 응, 좋아. 또치야, 그럼 오늘 학교 마치고 바로 가 보자."

수미의 승낙에 또치는 날아갈 듯 기뻤다.

"그럼 학교 마치고 오징어 수족관 앞에서 보자. 히히."

또치는 설레는 마음 때문에 수업이 귀에 들어오지 않았다. 또치는 수업을 마치자마자 오징어 수족관 앞으로 뛰어갔다. 학교 마치고 같이 학교를 나설 수도 있었지만 괜히 아이들의 놀림 상대가 되고 싶진 않았기 때문이다.

조금 기다리니 수미가 나타났다. 그런데 아뿔싸! 수미는 자기 친구들을 다 데리고 왔다. 심지어 철수까지 같이 나타났다.

"또치야, 너랑 오징어 수족관 간다니까 친구들도 가고 싶어 해서 다 같이 왔어. 괜찮지?"

"그… 그럼. 괜… 괜찮지…."

이렇게 말하는 내 표정은 분명 썩은 미소였을 것이다.

나는 울상을 한 채로 수미와 친구들 뒤를 따라 오징어 수족관 안으로 들어갔다. 내 옆에는 수미가 아닌 철수와 함께….

오징어 수족관 안으로 들어가니 살아 있는 오징어들이 물속에서 슝슝거리며 다니고 있었다. 우리는 너무 신기해서 유리창에 딱 달라붙어서 오징어를 봤다. 그때 철수가 소리쳤다.

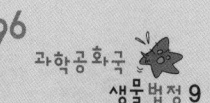

"오징어들! 먹물 뿜어 봐!! 얼른!"

'흥, 유치하기는.'

난 철수가 유치하다고 생각했다. 그런데 철수가 외치는 것을 듣고 여자 아이들은 웃기다면서 까르르 웃는 것이었다.

'흥! 유치한 것들끼리 놀아라!'

그때 수미가 소리쳤다.

"어머, 얘들아! 이 오징어들 가만히 보니까 이상해. 오징어들마다 색깔이 전부 다르잖아!"

"어머? 진짜 그러네."

우리들이 큰 소리로 떠들고 있을 때 마침 오징어 수족관의 책임자 아저씨가 우리 뒤를 지나갔다.

"얘들아, 너희들 왜 이렇게 시끄럽게 떠드니?"

나는 아저씨에게 말했다.

"아저씨, 오징어가 이상해요. 이것 보세요. 오징어마다 서로 색깔이 다르잖아요."

아저씨 역시 수족관 안을 자세히 살펴보기 시작했다.

"어? 그리고 보니 정말 그렇군. 오징어를 뒤바꾼 모양이야. 설마 일부러 저렴한 오징어를 섞어 넣은 것 아냐? 이거 오징어를 수족관에 납품한 업자를 당장 고소할 테다!!"

아저씨는 화가 나서 소리를 질렀다.

'휴, 이젠 수미보고 생물법정에 같이 가 보자고 할까?'

오징어는 주변의 환경에 맞게 몸의 색을 변화시켜
상대방을 위협하거나 감정을 표현합니다.

색깔이 변하는 오징어가 있을까요?

생물법정에서 알아봅시다.

재판을 시작합니다. 원고 측 먼저 변론하
세요.

원고는 피고에게 수족관에 넣을 오징어를
납품받았습니다. 그런데 납품받은 오징어가 색깔이 모두 제
각각이라는 것을 알게 되었습니다. 이건 분명히 주문한 오징
어에 저렴한 오징어들을 섞어서 보내 준 탓입니다. 피해 보상
을 해야 합니다! 무조건!

피고 측 변론하세요.

오징어 양식업자인 징어사랑 씨를 증인으로 요청합니다.

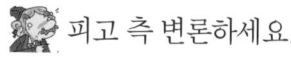

옷 구석구석에 검은 먹물이 튄 얼룩무늬 옷을 입은
한 남자가 증인석으로 나왔다.

오징어는 어떤 생물인가요?

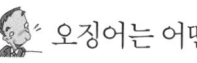

오징어는 두족류에 속하는 생물입니다. 전 세계에 450~500
종이 서식하고 있으며, 우리나라 연안에는 여덟 종이 살고
있습니다. 이들 오징어 중에서 가장 큰 것은 대왕오징어로

길이가 6m 정도나 됩니다. 그리고 가장 작은 오징어는 애기 오징어라고 부르는데 길이가 1.6cm 정도로 아주 작지요.

 오징어와 문어의 차이점이 뭐죠?

 문어와 달리 오징어는 지느러미가 있어요. 그리고 네 쌍의 다리 외에 한 쌍의 긴 더듬이 팔이 있지요. 이 팔은 먹이를 힘껏 잡아당길 때나 짝짓기를 할 때 사용되지요.

 오징어의 다리는 10개가 아닌가요?

 네 쌍의 다리와 한 쌍의 길게 뻗은 더듬이 팔을 통칭해서 다리가 10개라고 말하기도 하지만 정확히 말하면 다리는 8개 뿐입니다.

 신기하네요. 원고는 피고가 납품한 오징어의 색이 제각각 다르다며 한 종이 아니라 여러 종을 섞어 주었다고 하는데 증인은 어떻게 생각하십니까?

 오징어와 문어 등의 두족류는 피부색을 변화시킬 수 있는 능력이 있습니다. 이들의 피부 밑에는 대개 적색과 황색, 갈색의 세 층으로 이루어진 색소세포가 근섬유에 연결되어 있습니다. 오징어는 이들 근섬유를 수축하고 이완시키면서 주변의 환경에 맞게 몸의 색을 변화시키거나 감정을 표현합니다.

 그렇다면 오징어가 스스로 각자의 색을 바꾸었단 말인가요?

오징어는 위기에 처했을 때 순식간에 몸의 색깔을 변화시켜

상대방을 위협하거나 문어와 같이 몸속에 물을 머금었다가 순간적으로 뿜어내는 제트 추진 방식으로 위기를 벗어날 수 있습니다. 아마 오징어가 위협감을 느껴 몸의 색을 변화시킨 것 같네요.

 그렇군요. 잘 알겠습니다. 판사님, 원고는 피고가 주문한 오징어에 저 렴한 오징어를 섞어 왔기 때문에 수족관의 오징어들의 색깔이 제각 각이라고 했지만, 사실은 수족관에 놀러온 학생들을 보고 위협감을 느 낀 오징어들이 스스로 색을 바꾼

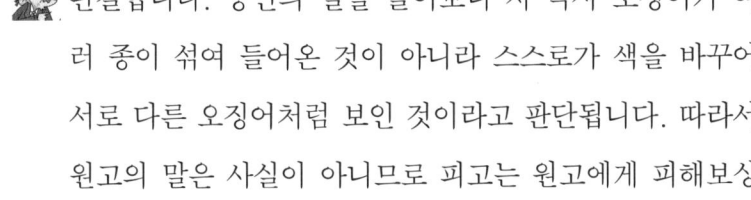

오징어의 먹물

오징어의 먹물로 글씨를 쓸 수 있다. 처음 쓸 때는 일반 물감보다 진하지만 시간이 지나면 먹물이 사라져 글씨가 없어진다.

것입니다. 따라서 피고가 여러 오징어들을 섞어서 보내 주었다는 것은 사실이 아니라고 생각합니다.

판결합니다. 증인의 말을 들어보니 저 역시 오징어가 여 러 종이 섞여 들어온 것이 아니라 스스로가 색을 바꾸어 서로 다른 오징어처럼 보인 것이라고 판단됩니다. 따라서 원고의 말은 사실이 아니므로 피고는 원고에게 피해보상 을 하지 않아도 된다고 인정합니다. 이상으로 재판을 마 치도록 하겠습니다.

재판이 끝난 후, 오징어가 스스로 색깔을 바꾼다는 것을 알게

된 학생들은 신기해했다. 수족관에 함께 갔던 친구들은 그 다음날
학교에 가서 친구들에게 자랑할 생각을 하며 어느새 서로에 대한
미움을 접고 화해한 상태였다.

굴과 피부 미용

굴을 먹으면 피부 미용에 좋을까요?

사건속으로

언제나 깨끗하지 못한 피부 때문에 고민인 뾰루지나 씨가 있었다. 피부가 얼마나 안 좋은지 거울을 보며 이번에는 얼마나 뾰루지가 늘었는지 개수를 세어 보는 게 하루 일과가 될 정도였다. 여느 날과 다를 바 없이 뾰루지나 씨는 거울을 보며 뾰루지 개수를 세고 있었다.

"하나, 둘… 열여섯, 열일곱… 에휴."

뾰루지나 씨는 앞에 있는 거울에 입김이 뿌옇게 서리도록 큰 한숨을 쉬었다.

"속상해! 하루 사이에 뾰루지가 하나 더 생겼어!"

뾰루지나 씨는 미간에 주름이 질 정도로 얼굴을 찌푸리며 짜증을 내면서 확인 차 뾰루지 개수를 다시 세고 있었다. 그때 바로 옆에서 텔레비전을 보고 있던 남동생이 고개를 휘휘 저었다.

"그만 세! 그런다고 있던 뾰루지가 뾰로롱! 하고 사라져?"

"그래도! 이 예쁜 얼굴에 뾰루지가 있으니깐 뭔가 거슬리잖아."

뾰루지나 씨는 언제 그랬냐는 듯 다시 자기 얼굴을 유심히 뜯어보며 얼굴에 만족스럽다는 표정이었다. 비록 다른 사람보다 낮은 코와 다른 사람보다 작은 눈, 그리고 다른 사람보다 조금 큰 얼굴이지만 뾰루지나 씨는 뾰루지만 빼면 자신의 얼굴에 큰 자신감을 가지고 있었다.

"예쁜 얼굴이래. 웩!"

동생은 장난스럽게 손으로 입을 막으며 토하는 흉내를 냈다.

"이게 혼날래! 이 예쁜 얼굴에 피부만 깨끗했어도 미스 과학공화국은 따 놓은 당상인데!"

뾰루지나 씨는 다시 한 번 거울에 비친 자기 얼굴에서 뾰루지 없는 얼굴을 상상했다. 그러나 좋은 것도 잠시, 상상에서 깨면 언제나 울긋불긋한 얼굴이 그대로 보여 속상했다. 그렇게 침울하게 있던 중에 남동생이 갑자기 뾰루지나 씨를 불렀다.

"누나! 누나가 좋아하는 워크 투 더 스카이 광고 나와!"

평소 워크 투 더 스카이의 퐈니를 좋아하던 뾰루지나 씨는 그 말에 들고 있던 거울을 내려놓고 재빠르게 텔레비전 앞으로 갔다.

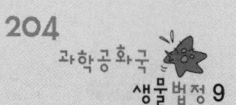

이번에 광고를 찍었다는 사실은 알고 있었지만 어떤 광고인지는 몰랐기 때문에 눈이 빠지도록 유심히 텔레비전을 보기 시작했다.

"피부 미인으로 시작할래! 굴굴굴굴 주스~."

굴 모양 옷을 입은 퐈니가 멋있게 굴 주스 노래를 불렀다. 그리고 다음 소절은 뒤따라 나온 브라이언이 귀엽게 이어 불렀다.

"깨끗한 피부, 내게 올래! 굴굴굴굴 주스~."

광고가 나오는 내내 자막에는 다음과 같은 말이 적혀있었다.

피부가 굴 껍질인 분은 굴 주스와 상의하세요!

15초라는 짧은 시간동안 광고 하나가 순식간에 끝났다. 그리고 굴 주스 광고가 끝난 이후에도 뽀루지나 씨는 텔레비전 앞을 떠날 수가 없었다. 눈을 그대로 고정시키고 마치 석고상이 된 것처럼 꼼짝도 않고 있었다. 이를 이상하게 여긴 동생이 뽀루지나 씨의 등을 쳤다.

"누나, 누나. 왜 그래?"

"그래! 이거야! 이거야 말로 내가 찾던 거야!"

마치 얼음땡 놀이를 하는 것처럼 동생이 뽀루지나 씨의 등을 살짝 치자 뽀루지나 씨는 무엇에 홀린 것처럼 갑자기 벌떡 일어나더니 무엇을 결심한 듯 주먹을 꽉 쥐었다.

"누나, 뭘 찾았다는 거야? 퐈니를 찾았다고 그러는 거야?"

"아니! 굴 주스 말이야! 피부가 좋아진다잖아!"

뾰루지나 씨는 아까 본 퐈니는 생각도 하지 않고 방으로 들어가서 컴퓨터를 켰다. 그동안 뾰루지 가득한 피부 때문에 스트레스를 받던 뾰루지나 씨는 인터넷으로 사람들의 반응을 보고 반응이 좋으면 굴 주스를 먹어 봐야겠다고 생각했다. 그래서 재빠르게 마우스를 움직여서 굴 주스 공식 사이트에 들어가 굴 주스에 대해서 자세히 알아보았다.

"음, 굴을 이용하여 만들어서 매일 마시면 피부 미용에 효과를 볼 수 있다… 라?"

뾰루지나 씨의 희망은 더 커졌다. 그 희망을 안고 뾰루지나 씨는 포털사이트 네이놈에 들어갔다. 네이놈 첫 페이지가 열리자마자 메인에는 이미 굴 주스에 대한 사람들의 반응이 올라와 있었다.

"우와, 굴 주스 인기 최고네!"

피부 때문에 고민인 사람들이 많은지 10대부터 30대까지 모든 연령대의 여성들에게 특히나 인기를 끌고 있었다.

'ID 니콜라스코딱지 : 굴 주스를 먹으면 꼭 피부가 좋아지는 느낌이 들어요!'

'ID 피부에게양보하세요 : 생각보다 쓰지도 않고 맛있어요! 굴 주스 짱짱짱!'

이렇게 많은 사람들의 후기가 남겨져 있을 뿐만 아니라 어디를 가나 굴 주스가 좋다는 말이 적힌 글을 볼 수 있었다. 아무래도 그

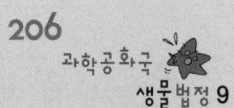

냥 맛으로 마시는 주스가 아닌 기능성 주스여서 그런지 다른 주스들에 비해 여자 소비자가 많았다. 결국 뾰루지나 씨도 귤 껍질 같은 피부를 깨끗한 사과 같은 피부로 바꾸기 위해 굴 주스를 매일 먹기로 했다. 그렇게 몇 주가 지나자 굴 주스는 뉴스까지 타게 되었다.

주스계의 부동의 1위 자리를 차지하고 있던 '산타할아버지 수염차'가 드디어 1위에서 내려왔습니다! 이번에 1위를 차지한 주스는 바로 요즘 돌풍을 일으키고 있는 무서운 신인인 굴 주스가 차지했습니다!

과학공화국에 있는 주스의 대부분을 만들어낸 회사인 〈루돌프〉에도 이 소식이 전해졌다. 항상 1위를 차지하고 있던 산타할아버지 수염차가 2위로 밀려난 것에 대한 충격은 생각보다 컸다.

"10년 동안 지키고 있던 1위를 겨우 굴 주스라는 신인 주스에게 내주다니! 이건 내가 허락할 수 없어!"

회사 사장인 산타 씨는 화가 잔뜩 나서 직원들을 불러 모아 긴급회의를 하기로 했다. 직원들은 갑자기 소집된 회의 때문에 잔뜩 긴장한 눈치였다.

"여러분! 뉴스 보셨습니까! 저희 산타할아버지 수염차가 2위로 떨어졌습니다!"

사람들 모두 뉴스를 봤는지 고개를 숙일 뿐이었다.

"그것 때문에 화가 나는 게 아닙니다! 물론 이제 1위를 내줄 때도 되었지요. 하지만 제가 화난 건 다른 것 때문입니다!"

산타 씨는 흥분했는지 책상을 치며 의자에서 벌떡 일어났다.

"1위를 차지한 주스가 고작 한 달 전 출시한 굴 주스라는 것에 화가 납니다! 도대체 왜 그런 것 같습니까!"

고래고래 소리 지르는 산타씨의 목소리가 회의장을 가득 채웠다. 모인 직원들이 아무 말도 하지 못하고 가만히 있는 중에 한 직원이 손을 들었다.

"굴 주스 광고 컨셉이 '피부가 고와지려면 굴 주스를'입니다. 그냥 마시는 주스가 피부도 좋게 한다는데 많은 사람들이 구매를 하는 건 어쩌면 당연한 것일지도 모릅니다."

직원은 자리에 앉았다. 그리고 산타 씨의 표정을 살폈다. 산타 씨는 눈을 작게 흘겨 뜨며 의심의 눈초리를 보내고 있었다.

"굴 주스도 어차피 주스인데 정말 피부 미용에 효과가 있겠나?"

산타 씨는 그 효과가 의심스러웠다. 의약품도 아닌데 피부가 좋아진다니 믿기지가 않았기 때문이었다. 그런 산타 씨의 생각을 눈치 챘는지 한 직원이 손을 들고 말했다.

"그렇게 보면 광고가 과장된 것일 수도 있겠네요!"

"그렇지. 굴 주스를 마신다고 해서 피부가 좋아진다는 건 말이 안 돼. 단지 굴일 뿐인데 말이야. 과장 광고가 분명해!"

산타 씨의 얼굴에 다시 화색이 돌았다. 만약에 굴 주스 광고가 과장 광고로 판결이 나면 굴 주스의 상품이미지가 안 좋아질 것이

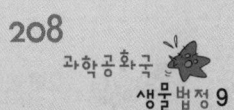

고, 자연스럽게 산타할아버지 수염차가 다시 1위를 차지할 것이 분명했기 때문이다.

"좋아! 굴 주스를 과장 광고로 고소하자고! 옳지 않은 건 똑바로 잡아줘야지!"

산타 씨는 다음날 바로 굴 주스가 과장 광고를 한다고 생물법정에 고소했다.

굴은 우유보다 요오드를 200배나 많이 포함하고 있어서 피부를
촉촉하고 하얗게 만들어 줍니다.

굴이 피부 미용에 도움이 될까요?
생물법정에서 알아봅시다.

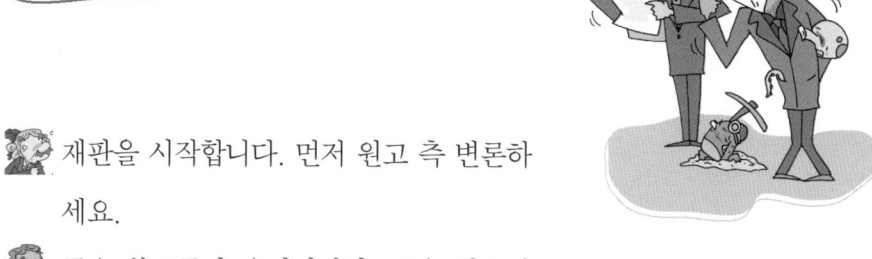

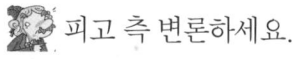 재판을 시작합니다. 먼저 원고 측 변론하세요.

굴은 씁쓰름한 음식입니다. 굴을 얼굴에 바르는 것도 아니고 단지 굴을 갈아 만든 굴 주스를 마시면 피부가 고와진다는 게 말이 되나요? 도대체 굴에 어떤 마법이 있기에 그게 가능하단 말입니까? 이건 명백히 사기 과장 광고라고 생각합니다.

피고 측 변론하세요.

굴 건강 연구소의 나구울 박사를 증인으로 요청합니다.

피부가 탱탱한 40대의 남자가 증인석으로 들어왔다.

우선 굴에 대해 설명해 주세요.

알에서 깨어난 어린 굴은 다리를 가지고 기어 다니거나 헤엄치면서 이동하다가 딱딱한 대상물이 있으면 석회질을 내뿜어 껍데기를 고정시키고 살게 되지요. 이때 한 쪽 껍데기는 바위에 붙어있어 잘 보이지 않으므로 굴은 껍데기가 하나인 것처럼 보이지만 굴은 분명 두 개의 껍데기를 가지고 있습니다. 굴은 물속에 떠다니는 플랑크톤을 바닷물과 함께 들이마신 후 아가미에서 물만을 여과시켜 영양분을 얻습니다.

 굴이 정말 피부에 좋나요?

굴은 바다의 우유라고 불릴 정도로 철분과 타우린을 비롯하여 각종 비타민과 아미노산을 포함하고 있어서 성인병을 예방하는데 큰 효과가 있습니다. 또한 아연 성분이 풍부하여 남성호르몬을 활성화시키는 기능도 있지요. 또한 굴은 우유보다 200배나 많은 요오드가 포함되어 있어 머리 색깔을 검게 유지하는 데 효과가 있고 피부를 촉촉하게 하며 하얀 피부를 만들어 줍니다. 그러니 굴을 많이 먹으면 하얀 피부를 유지할 수 있지요.

하얀 피부는 모든 사람의 소망이잖아요? 그렇다면 굴 주스가 피부에 도움이 된다는 것이 과학적으로 사실이군요. 그렇죠? 판사님.

그런 것 같군요. 옛말에 굴 따는 어부의 딸은 하얀 얼굴을 가지고 있다고 했는데 그게 다 과학적 근거가 있었군요. 그러므로 이번 굴 주스 사건은 과장 광고가 아니라 과학적으로 정확한 광고라고 판결하겠습니다. 이상으로 재판을 마칩니다.

재판이 끝난 후, 많은 음료 회사들이 너도나도 굴 주스를 개발

하기 시작했다. 하지만 그 중에 가장 인기를 끄는 회사는 역시 원
조 굴 주스 회사였다.

아미노산

우리가 먹는 음식물의 성분은 크게 탄수화물, 단백질, 지방으로 나누어지는데, 이 중 단백질이 분해
되면 암모니아와 아미노산이 만들어진다.

연체동물

연체동물은 절지동물 다음으로 많습니다. 연체동물이라는 이름은 조개나 오징어처럼 몸이 연하고 마디가 없는 동물이기 때문에 붙여진 이름입니다. 연체동물은 몸의 일부가 여러 개의 발로 변화하여 헤엄치거나 기어 다니면서 생활합니다. 연체동물은 전 세계적으로 10만여 종이 있습니다. 연체동물의 대부분은 구리이온이 들어 있는 헤모시아닌이라는 혈색소를 가지고 있어 피의 색깔이 푸른색을 띱니다. 하지만 흔히 피조개라고 부르는 꼬막은 사람처럼 헤모글로빈이라는 색소를 가지고 있어 피의 색깔이 붉습니다.

연체동물은 크게 다판류, 굴족류, 복족류, 부족류, 두족류의 다섯 종류로 나누어집니다. 다판류는 여덟 개의 각판을 가지고 있고, 굴족류는 긴 석회질의 껍데기를 가지고 있습니다. 대표적인 굴족류로는 쇠뿔조개를 들 수 있습니다. 복족류는 배에 넓고 강한 발을 가지고 있는데 전복과 고둥, 갯민숭이달팽이 등이 굴족류입니다. 부족류는 도끼 모양의 발을 가지고 있는데 굴, 홍합, 꼬막, 바지락, 키조개 등이 대표적인 부족류입니다. 그리고 두족류는 눈과 입이 있는 머리 주위를 다리들이 둘러싸고 있는데 몸의 크기는

3cm에서 18m까지 다양하며 오징어, 문어 등이 이에 속합니다.

군소

군소는 연체동물 중에서 바다의 토끼라고 불리는 생물입니다. 군소의 머리에는 두 쌍의 더듬이가 있는데 그것이 마치 토끼 귀처럼 보이기 때문입니다. 두 쌍의 더듬이 중 크기가 작은 것은 외부의 자극을 감지하고 큰 것은 냄새를 감지합니다. 군소는 알을 많이 낳는 것으로도 유명한데 보통 한 달에 낳는 알의 개수는 일억 개에 이릅니다. 군소는 연체동물이지만 특이하게도 껍데기가 없습니다. 대신 오징어나 문어의 먹물처럼 보라색을 띠는 색소를 뿜어내 적의 공격을 막습니다.

제5장

기타 해양생물에 관한 사건

멍게 – 덧셈과 뺄셈기호가 있는 해양 동물

해면동물 – 스펀지와 해면

해조류 – 다시마가 미역보다 비싼 이유

덧셈과 뺄셈기호가 있는 해양 동물

몸에 계산기호가 있는 해양 동물이 있을까요?

나백조는 화이트 스완 시에서 유명 인사이다. 왜 나백조가 유명 인사일까? 나백조는 겉으로 보기엔 별다를 것 없는 30대 노처녀이다. 하지만 나백조는 아이큐가 200이 넘는 천재였다. 하지만 더욱 놀라운 것은 나백조는 그 좋은 머리를 가지고 있으면서도 직업이 없었다. 화이트 스완 시는 주민들이 열심히 살기로 유명한 도시였다. 이 도시에서 직업이 없다는 것은 정말 놀라운 일이었다. 하지만 나백조는 직업을 갖지 않은 채 집에서 빈둥빈둥 놀기만 했다. 마을 사람들은 나백조가 지나갈 때마다 수군거렸다.

"저 여자가 나백조야? 아이큐가 200이라지? 그런데도 집에서 놀고만 있대."

"너 그 소문 들었어? 사실은 나백조 집안이 대대로 내려오는 왕족 집안이래. 옛날로 치면 공주라든데?"

나백조에 대한 근거 없는 소문은 도시 구석구석까지 퍼져 있었다.

어느 날, 나백조의 집에 누추한 차림의 한 남자가 찾아 왔다.

"혹시 당신이 나백조 양입니까?"

"그래요, 내가 나백조에요. 당신은 누구인가요?"

나백조는 위 아래로 파란색 추리닝을 입은 채 현관에 나타났다.

"아, 저는 옆 마을에서 당신 소식을 듣고 왔습니다. 아이큐가 200이라면서요?"

"어머, 제 아이큐가 200인 사실이 옆 동네까지 퍼졌나요? 그런 헛소문이!"

나백조는 얼굴이 빨개지며 분개했다.

"그럼, 아이큐가 200이 아니란 말씀인가요?"

"당연히 아니죠! 호호, 제 아이큐는 240이라구요! 소문을 내려면 좀 정확하게 낼 것이지!"

"음, 아무튼 제가 로또를 하려고 합니다. 생각나는 숫자 6개만 좀 불러 주십시오."

"뭐요? 당신이 로또를 하는데 왜 저보고 숫자를 불러 달라는 거예요? 에잇, 정말! 1, 2, 3, 4, 5, 6! 됐어요?"

"감사합니다. 만약 당첨되면 반을 드릴게요."

남자는 주머니에 들어 있던 종이를 꼬깃꼬깃 펴고는 1, 2, 3, 4, 5, 6을 적더니 고맙다며 90도로 인사하고 현관에서 사라졌다.

"흥, 별 이상한 사람 다 보겠네. 그런데 도대체 누가 내 아이큐가 200이라고 소문낸 거야? 걸리기만 해 봐라!"

나백조는 다시 집안으로 들어와 쿨쿨 자기 위해 이불 속으로 엉금엉금 기어들어 갔다.

그때 마침 따르릉 전화벨이 울렸다. 전화벨 소리를 들은 나백조는 혼자 고민하기 시작했다.

"힝, 방금 이불 속으로 들어왔는데 어쩌지? 전화를 받아? 말아? 휴, 엄마 전화면……. 안 받으면 또 난리 나겠지? 저번에도 며칠 동안 전화 안 받았다가 경찰까지 출동했었잖아."

나백조는 투덜거리며 일어나서 전화를 받았다.

"여보세요"

"예, 안녕하세요. 저희는 MBS에서 주최하는 퀴즈 프로의 담당 작가입니다. 나백조 양이 아이큐가 200이라면서요? 저희 퀴즈 프로에 한번 도전 해보시겠어요?"

"저기, 제 아이큐가 200이 아니라 240이거든요. 그리고 제가 귀찮게 왜 퀴즈 프로에 참가해요?"

"후후, 나백조 양! 지금 마을에 무슨 소문이 돌고 있는지 아세

과학공화국
생물법정 9

요? 나백조 양의 아이큐가 높다는 건 헛소문일 뿐이고, 실제는 아이큐가 두 자리다, 라는 소문이 돌고 있습니다. 아십니까?"

"어머, 어머! 도대체 누가 그런 헛소문을!!"

"헛소문이 아니시라면 저희 퀴즈 프로에 나오시죠. 상금도 있답니다."

"흥! 그럼 상금 때문이 아니라 제가 정말 제 아이큐가 240이라는 걸 증명하기 위해 나가죠."

나백조는 화가 나서 전화를 끊었다. 속이 부글부글 끓어 도저히 잠이 올 것 같지 않았다. 그래서 그대로 거실 소파에 앉아 텔레비전을 켰는데, 마침 로또 당첨 숫자가 발표되고 있었다. 아무생각 없이 그 프로를 보고 있던 나백조는 소리를 질렀다.

"1, 2, 3, 4, 5, 6? 세상에! 이건 내가 그 아저씨한테 찍어 준 번호잖아! 역시 내 머리는! 후훗, 그런데 그럼 그 아저씨가 40억을 가져가는 거야? 옴마나! 이럴 수가! 아까 반을 준다고 했으니까 20억이네. 아자!"

나백조는 기분이 좋아져서 덩실덩실 춤을 췄다.

"호호, 이왕 이렇게 된 것 내일 퀴즈 프로에서도 1등 해 버리겠어!!"

다음날, 나백조는 퀴즈 프로 녹화장으로 갔다.

"오, 나백조 양. 와 줬군요. 호호. 그럼 지금 바로 녹화 들어가겠습니다."

나백조는 침착한 얼굴로 스튜디오에 자리 잡았다.

"안녕하세요. 오늘의 퀴즈 왕 후보는 아이큐 240의 나백조 양입니다. 어서 오십시오. 자, 그럼 문제 드리겠습니다. 첫 번째 문제, 몸에 덧셈과 뺄셈기호가 있는 생물의 이름을 말해 주세요. 시간은 2분 드리겠습니다."

나백조는 자신이 알지 못하는 갑작스런 질문에 당황했다.

'뭐? 덧셈과 뺄셈기호가 있는 생물이라고? 도대체 그게 뭐지?'

"자, 30초 남았습니다."

"잠깐만요. 전화 찬스 쓰겠습니다."

"나백조님, 죄송합니다. 1단계에서는 전화 찬스를 쓰실 수가 없습니다. 3, 2, 1, 땡!"

나백조는 결국 답을 말하지 못했다.

"아쉽게도 아이큐 240으로 소문난 나백조 양, 1단계에서 탈락입니다."

나백조는 너무 창피해서 얼굴을 들 수가 없었다.

"잠깐만요! 몸에 덧셈과 뺄셈 기호가 있는 그런 동물이 어디 있습니까? 문제가 잘못되었어요. 잘못된 문제로 나에게 이런 창피를 주다니! 흥, 내가 당신들을 당장 고소하겠어요."

생방송 중 나백조가 고래고래 소리를 지르자 제작진들은 당황하며 카메라를 다른 쪽으로 돌렸다.

"문제가 잘못되었다고 당장 생물법정에 고소하겠어!!"

멍게는 바닷물을 들이는 구멍과 바닷물에서 산소와 플랑크톤을 흡수한 후 남은 물을 배출하는 구멍까지 두 개의 구멍이 있습니다.

몸에 덧셈과 뺄셈기호가 있는
생물이 있을까요?
생물법정에서 알아봅시다.

재판을 시작합니다. 원고 측 변론하세요.

판사님은 몸에 덧셈과 뺄셈기호가 있는
생물이 있다는 말을 들어본 적이 있습
니까?

글쎄요.

당연히 들어본 적이 없으실 겁니다. 그런 생물은 없으니까요.

잘 몰라서 그렇지 그런 생물이 있으니까 문제가 만들어진 것
아닐까요!

말도 안 돼요! 만약 그런 생물이 있다면 그게 생물입니까? 수
학책이지?

변론을 해 주십시오.

그런 생물은 없습니다! 절대! 장담합니다.

그게 다인가요?

네? 그럼 뭐가 더 필요한가요?

아닙니다. 됐습니다. 피고 측 변론하세요.

생물학자이신 멋진생물 씨를 증인으로 요청합니다.

머리가 반쯤 벗겨진 한 남자가 증인석으로 나왔다.

 몸에 덧셈과 뺄셈기호가 있는 생물이 있나요?

 있습니다.

 정말 그런 생물이 존재한단 말입니까?

 네, 그렇습니다. 바로 멍게이지요.

 멍게요? 멍게, 해삼, 말미잘 할 때 그 멍게?

 맞습니다.

 덧셈과 뺄셈 기호가 멍게의 어디에 있습니까?

 멍게의 몸에 있습니다.

 본 적이 없는데요?

 멍게가 물속에 있을 때는 보이지 않아요. 하지만 멍게가 물
밖에 나오면 덧셈과 뺄셈의 기호가 보이지요. 멍게의 몸에는
두 종류의 구멍이 있어요. 하나는 물을 흡수하는 구멍이고,
다른 하나는 물속의 산소와 플랑크톤을 걸러내고 남은 물을
배출하는 구멍이지요. 그런데 이 두 구멍은 멍게가 물속에 있
을 때는 모두 열려 있지만 물 밖으로 나오면 수축이 되면서
닫히게 되지요. 이렇게 수축 되었을 때 물을 흡수하는 구멍은
덧셈(＋)기호 모양이 되고 물을 배출하는 구멍은 뺄셈(－)
기호 모양이 됩니다.

 그렇군요. 판사님, 들으셨듯이 멍게의 몸에는 덧셈과 뺄셈기

호가 존재합니다. 따라서 멍게가 답이라는 것이 확실하군요.
원고가 답을 틀린 것이 맞지요?

그런 것 같습니다. 원고, 원고는 답을 말하지 못했으니 퀴즈
프로에서 탈락한 것을 인정하셔야겠습니다. 판결을 마칩니다.

재판이 끝난 후, 나백조 양은 퀴즈 프로에서 탈락한 것 때문에
사람들에게 아이큐가 240이라는 것을 의심받게 되었고, 이를 견
딜 수 없어 하루속히 일자리를 찾겠다고 마음먹었다.

멍게의 물을 배출하는 구멍은 바닷물을 배출하는 기능 뿐 아니라 생식기능도 가지고 있다. 즉, 멍게
는 생식을 할 때 이 구멍으로 정자와 난자를 내보낸다.

스펀지와 해면

움직이는 스펀지는 무엇으로 만들어졌을까요?

대학교 2학년인 덩달이는 여름 방학을 맞아 용돈 벌이를 위해 일자리를 찾던 중, 동네에 있는 〈우리 목욕탕〉에서 저녁에 목욕탕 청소를 해 줄 사람을 찾는다는 광고를 보게 되었다. 덩달이는 재빨리 목욕탕으로 향했다.

까다롭게 보이는 주인아저씨는 떡 벌어진 어깨와 근육으로 탄탄한 덩달이의 몸을 보고는 몹시 만족스러운 눈치였다.

"내일부터 당장 일할 수 있겠죠? 원래 일하던 청소부가 일주일 전에 갑자기 그만두는 바람에 아주 급하단 말입니다."

그때 덩달이는 문득 내일 있을 학과 MT가 머릿속을 스치고 지나갔다.

'다음 주부터 하려고 그랬는데. 어쩌지?'

"저기, 제가 내일은 학과 MT가 있어서요. 그래서 모레부터 하면….'

덩달이의 말이 채 끝나기도 전에 아주 거칠고 높은 목소리로 주인 아저씨는 말했다.

"네? 모레부터요? 안돼요. 안돼. 내일부터 안될 것 같으면 애초에 시작을 말든지."

"아, 그럼 그냥 내일부터 일하겠습니다."

완강한 아저씨의 말에 소심한 덩달이는 더 이상 이야기하지 못하고 주인 아저씨의 말을 받아들이고 말았다. 사실 덩달이의 동네는 조그마해서 이만한 아르바이트 자리도 구하기가 무척 힘들었다.

"좋아요. 좋아. 그럼 내일 저녁 8시에 목욕탕으로 나오세요."

덩달이는 아르바이트를 구했다는 만족감과 동시에 기대했던 하계 엠티를 놓치게 되었다는 실망감을 느끼며 무거운 발걸음을 이끌고 목욕탕을 나왔다.

다음날 아침, MT를 가지 못하는 덩달이를 놀리기라도 하듯 날씨는 너무도 쾌청했고 덩달이는 날씨와 반대로 우울해졌다.

'괜찮아, 돈 벌어서 더 좋은 데 놀러 가면 되지 뭐.'

라고 자기 자신을 위로해봤지만 전혀 도움이 되지 않았다. 왜냐하면 그 MT에는 덩달이가 짝사랑하는 영자가 가기 때문이었다.

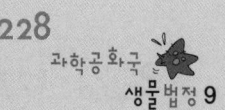

이번 MT로 사랑 고백을 시도하려 했건만 목욕탕 아르바이트로 인해 다 무산되고 말았다. 우울한 마음으로 하루를 보내고 덩달이는 청소를 하기 위해 목욕탕으로 향했다.

여전히 까다로운 인상을 한 주인 아저씨는 덩달이를 힐끗 보더니 세제와 수세미를 포함한 다른 청소 도구가 들어있는 양동이를 덩달이에게 주었다.

"게으름 피우면 안 됩니다. 자기 목욕탕이다 생각하고 깨끗하게 청소해주세요. 특히 타일 바닥은 이 수세미로 하나하나 깨끗이 문질러서 씻어주세요. 청소하는 것을 보고 일당은 더 올려줄 수도 있으니까."

주인 아저씨의 잔소리는 들은 체 만 체 하면서 양동이를 휘휘 돌리며 덩달이는 목욕탕 안으로 들어갔다.

손님이 일찍 끊어졌는지 목욕탕 안에는 아무도 없었고 정적만이 흐르고 있었다.

갑자기 친구들과 놀러 가서 했던 귀신 이야기들이 하나둘씩 생각나면서 순간 덩달이는 무서워졌다.

'아니지, 세상에 귀신 따위가 어디 있다고. 그것도 이런 목욕탕에 귀신이 목욕을 하러 올 리도 없잖아. 하하하!'

이렇게 자신의 마음을 가다듬으면서 청소를 하기 위해 옷을 벗었다.

'별이 쏟아지는 해변으로 가요~ 해변으로 가요~.'

무서움을 잊기 위해서 고래고래 고함을 지르며 노래도 불러 보았다.

무서웠던 마음이 한결 나아지는 듯했다.

'그래, 귀신이 어디 있다고, 나오기만 해 봐라! 내가 다 죽여 버릴 테다.'

계속해서 무서움을 달래며 목욕탕으로 들어섰다.

바닥청소를 하기 위해서 양동이에 있는 수세미를 잡으려는 순간 수세미가 꿈틀거리는 것을 느꼈다. 놀란 덩달이는 자신의 손을 의심하며 수세미를 쳐다보았지만 아무런 이상도 없었다.

'아, 내가 겁을 먹긴 많이 먹었나 보다. 수세미가 움직이다니, 말도 안 되지.'

하며 다시 한 번 수세미를 집어 드는 순간 수세미는 살려고 발버둥을 치는 물고기처럼 미친듯이 덩달이의 손에서 꿈틀거렸다.

"으아아아악!!"

덩달이는 너무나 놀라 수세미를 바닥에 내동댕이치고 자신이 속옷만 입었다는 사실도 잊은 채 목욕탕을 뛰쳐나왔다.

이런 덩달이의 모습을 본 주인 아저씨는 뛰쳐나가는 덩달이를 잡으려 했지만 너무나 빨리 달리는 덩달이를 잡는 건 역부족이었다.

다음날 아침, 덩달이는 어제 자신이 겪었던 희한한 사건에 대해 주인 아저씨에게 이야기하기 위해서 목욕탕으로 갔다.

주인 아저씨는 무척이나 화가 나 있었다. 덩달이는 그제야 자신이 목욕탕 청소는 하지도 않고 너무 놀라 그냥 집으로 갔다는 사실을 깨닫게 되었다.

"이봐요, 학생. 그렇게 그냥 집으로 가 버리면 어떻게 합니까? 학생 때문에 어제 우리 목욕탕은 청소도 못했다고요. MT이야기 할 때 진작 알아 봤어야 하는 건데. 그런 정신 자세로 무슨 일을 한다고. 됐어요, 오늘부터 나올 필요 없으니까 다른 곳을 알아 보든지 해요."

덩달이의 자초지종은 듣지도 않고 주인 아저씨는 불같이 화를 냈다. 하루도 안 돼서 자신을 자른다는 주인 아저씨의 말에 덩달이 역시 화가 났다.

"아저씨, 저는 이 아르바이트 때문에 중요한 MT도 못 갔단 말이에요. 어떻게 일방적으로 이렇게 저를 해고시킬 수가 있어요? 그리고 아저씨가 주신 그 수세미 때문에 전 심장마비 걸릴 뻔 했다구요. 어떻게 움직이는 수세미를 저한테 주실 수가 있어요? 세상에, 그것 때문에 제가 놀라서 일도 못하고 뛰쳐나갔단 말입니다."

"움직이는 수세미라니? 말도 안 되는 소리하고 있네."

"정말이라고요. 제가 그 수세미를 잡는 순간 물고기처럼 꿈틀꿈틀 댔단 말이에요. 청소를 못한 게 제 탓입니까? 이상한 수세미를 준 아저씨 탓이지. 이렇게 일방적으로 저를 자르신다면 생물법정에 아저씨를 고소하겠어요."

목욕해면은 골편이 없이 섬유질로만 이루어져 있어서 인공적인 스펀지가 발명되기 전에는 목욕용 수세미로 사용되었습니다.

해면을 스펀지처럼 사용할 수 있나요?
생물법정에서 알아봅시다.

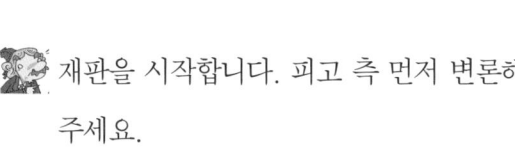

 재판을 시작합니다. 피고 측 먼저 변론해 주세요.

 원고는 아르바이트를 하는 첫째 날부터 일을 제대로 하지 않고 달아났습니다. 혼자서 소스라치게 놀라 부를 새도 없이 도망 가 버렸지요. 그러고는 그 다음날 와서 수세미가 움직였다니요? 수세미가 움직인다는 게 말이 됩니까? MT를 다녀와서 아르바이트를 시작하겠다고 했는데, 그럴 수 없다고 하자 꾀를 부리는 것입니다. 피고가 원고를 해고시킬 수 있게 해 주십시오.

원고 측 변론하세요.

바다생물연구회의 연구원이신 바다가짱이야 씨를 증인으로 요청합니다.

연구를 하다 방금 뛰어온 것인지 아직 하얀 가운을 입은 채로 한 남자가 증인석으로 나왔다.

 수세미가 움직일 수 있습니까?

시중에 나온 수세미가 움직인다는 건 말이 안 됩니다. 그러나 만약….

만약? 수세미가 움직일 수도 있다는 것입니까?

수세미가 인공으로 만든 스펀지가 아니라 해면이라면 움직일 수도….

해면이요? 그건 무엇입니까?

해면은 바다 생물 중 하나입니다. 조간대에서 9000m 깊이까지, 남극에서 열대 바다까지 광범위한 수심과 수온 대에 걸쳐 세계 각지에서 흔히 발견되는 것이지요.

좀 더 자세히 말씀해 주시겠습니까?

현재 1만여 종이 있는 것으로 알려져 있는 해면동물은 몸속에 별도의 골격이나 지지기관을 갖지 않는 대신 '골편'이라는 유리질 조각으로 몸의 형태를 유지합니다.

모든 해면이 골편을 가지고 있나요?

해면은 석회해면, 육방해면, 보통해면으로 분류됩니다. 석회해면과 육방해면은 모두 골편을 가지고 있지만 보통해면 중 목욕해면이나 보라해면처럼 골편을 가지고 있지 않은 해면도 있지요.

해면을 왜 스펀지라고 부르죠?

목욕해면처럼 골편이 없는 해면에서 유래되었습니다. 목욕해면은 골편이 없이 섬유질로만 이루어져 있어서 인공적인 스

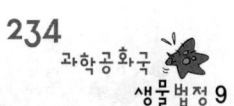

편지가 발명되기 전에는 목욕용 수세미로 사용되었기 때문이지요. 그래서 해면을 스펀지라고 부르게 된 거예요.

 그렇군요. 그렇다면 원고가 수세미가 움직였다고 한 것은 수세미가 아니라 해면일 수도 있다는 거네요?

 수세미가 움직였다면, 그렇다고 볼 수도 있을 것 같습니다.

 판사님, 목욕용 수세미를 인공적으로 만들기 전에는 목욕해면이라는 것을 이용해 만들었다고 합니다. 물론 목욕해면을 이용해 만든 것도 목욕해면 자체가 아니라 목욕해면의 섬유조직을 가공한 것이긴 하지만,

항아리 해면

항아리 해면은 항아리 모양으로 생겼는데 이 중 큰 것은 크기가 2미터가 넘는 것도 있다. 항아리 해면은 필리핀 등 열대 바다에서 발견된다.

MT까지 포기할 정도로 아르바이트를 하고 싶어 했던 원고가 꾀를 부릴 이유가 없다고 생각합니다. 따라서 원고가 첫날 청소할 때 사용했던 수세미가 무엇인지에 대해서 더 조사한 후, 만약 해면이라면 피고가 원고를 해고할 이유가 없으므로 해고하지 않도록 해 주십시오.

 그렇게 하도록 하겠습니다. 피고와 원고는 다시 목욕탕으로 가서 그날 사용했던 수세미가 무엇이었는지를 더 알아보도록 하십시오. 그리고 그게 해면이라는 것이 밝혀지면 피고가 원고를 해고 할 수 없도록 명령합니다. 그러나 만약 그것이 해

면이 아니라 그냥 수세미에 불과했다면 피고가 원고를 해고 하는 것이 가능하다고 생각합니다. 이상으로 재판을 마치겠 습니다.

재판이 끝난 후, 덩달이와 주인 아저씨는 수세미를 다시 확인하 기 위해 목욕탕으로 갔다. 수세미를 만져 본 주인 아저씨는 수세 미가 움직인다는 것을 알게 되었고, 놀라 소스라친 주인 아저씨는 덩달이를 해고하지 않겠다고 말하고는 도망 나가 버렸다.

 조간대

조간대란 밀물 때의 해안선과 썰물 때의 해안선 사이를 말하는 것으로, 연안대라고도 한다. 우리나 라 서해와 남해에 넓게 분포되어 있는 갯벌도 조간대의 일종이다.

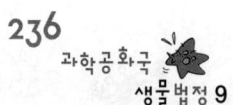

다시마가 미역보다 비싼 이유

다시마는 왜 미역보다 비쌀까요?

한 바닷가에 다낚아 마을이 있었는데, 이 마을에 있는 주민들은 대부분 어업을 하면서 생계를 이어 나가기 때문에 조상 대대로 독특한 전통이 있었다. 그것은 바로 새로 태어난 아기 이름을 지을 때 '어부'에서 글자 '부'자를 따서 이름을 짓는 전통이었다. 그래서 한 집 건너 덕부, 영부, 철부 등의 이름을 가진 사람들이 이웃으로 살고 있었다. 그 중에서도 늘부와 홍부가 있었는데 이 두 사람은 마을에서 사이가 안 좋기로 유명했다.

"늘보네랑 홍부네는 왜 서로 못 잡아먹어서 안달인감?"

"집안 대대로 물려 내려온 거래. 원래 집안끼리 앙숙이었다고 하더라고."

"아니, 자기들은 이유도 모른 채 서로 사이가 안 좋단 말이야?"

언제나 티격태격하는 늘부와 홍부를 보며 마을 사람들은 한마디씩 했지만 정작 둘은 신경 쓰지 않았다. 어딘가 모르게 서로를 미워하는 마음이 피를 타고 몸 속 깊숙이에서 올라와서인지 늘부와 홍부는 서로를 미워하는 데 지치지도 않았다.

"오늘도 다시마를 이만큼이나 잡았네!"

바다에서 다시마만 잡는 홍부가 큰 수확에 입이 귀에 걸려서 집으로 오고 있었다. 다시마를 제일 많이 잡는 홍부는 마을에서 열린 다시마 아저씨 대회에서 1등을 한 경력도 있는 실력자였다. 그러나 그런 그에게도 하나의 관문이 있었으니, 그것은 집으로 갈려면 반드시 늘부네 집을 거쳐서 가야 한다는 것이었다. 마을 전부 담벼락이 낮아 지나가는 홍부를 늘부네 사람들이 모두 볼 수가 있었다.

"아! 저기 다시마 잡는 홍부 지나간다!"

언제나처럼 마당에 앉아있던 늘부의 아내는 지나가는 홍부를 보자 조상 대대로 물려 내려오는 미움의 피가 다시 몸에서 끓어올랐다.

"얼마 전에 다시마로 쌈 싸먹다가 턱이 빠졌다던 홍부가 아닌가? 빠진 턱은 다시 끼웠나요?"

뒤통수를 긁는 듯한 기분 나쁜 말이 홍부의 귀에 들렸다. 가서 빠진 턱 잘 있다며 껌 씹는 모양새라도 보여 주려 했지만 일단 다

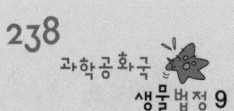

시마의 신선도를 유지해야 한다는 생각에 흥부는 기분이 나쁜 것을 참고 얼른 집으로 돌아갔다. 마침 미역만 잡는 늘부도 바다에서 많은 미역을 잡아 집으로 돌아오고 있었는데, 늘부도 흥부네 집을 꼭 지나야만 집으로 갈 수 있었다.

"이사를 하든지 해야지."

늘부는 이번에는 흥부네 집에 아무도 없기를 바라며 미역을 들고 지나가고 있었다. 그러나 아니나 다를까 마당에서 빨래를 널던 흥부 아내가 늘부를 보았다.

"만날 미역만 잡으시니 머리도 미역이 되어 가나 봐요?"

흥부 아내의 말에 늘부는 무슨 말인지 이해하지 못하고 고개를 갸우뚱했다. 그때 흥부 아내의 말이 이어졌다.

"머리가 몇 가닥 없어서 긴 미역을 얹어 놓은 것 같잖아요."

얼마 남지 않은 머리카락이 머리를 살포시 덮고 있는 늘부는 기분이 나빴지만 늘부 역시 미역의 신선도가 중요했기에 거기서 지체할 시간이 없었다. 그렇게 집으로 돌아간 두 사람은 미역과 다시마를 대충 선별하고서는 과학공화국 수산청으로 갈 채비를 했다. 마침 수산청에서 미역과 다시마를 매입하겠다는 연락이 왔기 때문이다.

"여보, 잘 다녀와요. 혹시 가다가 다리 삔 제비가 있거든 다리 고쳐주는 센스! 잊지 말고요!"

흥부 아내는 흥부에게 당부하며 수산청에 매도할 다시마를 챙겨뤘다. 그때 늘부 아내도 마찬가지로 늘부를 배웅하러 나왔다.

"혹시 가다가 밥풀 묻은 주걱 있으면 하나 가져와요. 요즘 이상하게 밥풀 묻은 주걱이 갖고 싶네?"

그렇게 두 사람은 같은 날 과학공화국 수산청으로 떠났고, 결국 수산청 해조류 매입장 입구에서 맞닥뜨리게 되었다.

"여기서 다시마도 매입해 주는가?"

"흥! 다시마가 얼마나 좋은데! 흐물거리는 미역보다 두껍고 단단한 다시마가 훨씬 낫지!"

다시 만난 홍부와 늘부는 또다시 티격태격하기 시작했다.

"뭘 모르고 하는 소리네! 홍부네는 아기 낳고 미역국도 안 드셨나봐? 투박한 다시마보다 부드러운 미역이 백배, 천배 좋지!"

"아니라니깐! 이 다시마가 라면에도 들어간다고! 이 사람이 뭘 모르는구만!"

점점 언성이 높아지자 해조류 매입을 주관하는 일단재 씨가 나섰다.

"조용히 하세요! 에휴, 두 분부터 빨리 해 드려야겠네요. 해조류 들고 여기로 오세요."

일단재 씨는 커다란 저울이 있는 쪽으로 두 사람을 인도했다. 홍부와 늘부는 조용히 하라는 말에 서로 째려보면서도 조용히 따라갔다. 일단재 씨는 저울을 가리키면서 말했다.

"여기서 무게를 재서 킬로수대로 금액을 드릴 겁니다."

두 사람은 언제나 그렇게 했으므로 새삼스러울 것 없이 고개를

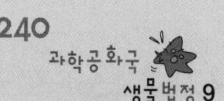

끄덕였다. 그리고 무게를 재기 시작했다.

"다시마를 가져오신 흥부씨 먼저!"

흥부는 갑자기 자랑스럽게 가져온 다시마 중 한 줄기를 꺼냈다.

"안녕하십니까! 다낚아 마을에서 다시마 아저씨에 뽑힌 흥부입니다! 다시마를 전 세계에 알릴 수 있는 다시마 아저씨가 되도록 노력하겠습니다!"

일단재 씨의 말투가 꼭 사회자의 목소리 같아서, 흥부는 재작년 다시마 아저씨로 뽑혔을 때가 생각나 그때 말투 그대로 말해 버렸다.

"여기는 다낚아 마을이 아니고 수산청이거든요!"

"아, 그렇지…."

옆에서 늘부씨가 한소리하자 허공에 손을 흔들어 주고 있던 홍보 씨는 그제야 정신을 차렸다. 그리고 민망한지 얼른 다시마를 저울 위에 올렸다. 다시마가 올라가자마자 저울 눈금이 크게 움직였다.

'킬로수가 많이 나와야하는데.'

흥부가 지난 다시마 아저씨 대회에서 1등을 하게 해 달라고 빌 때처럼 간절하게 킬로수가 많이 나오도록 두 손을 꼭 잡고 기다렸다. 눈금이 멈추고, 저울 눈금은 정확히 10kg을 가리키고 있었다.

"네, 다시마 10kg네요. 10만 달란 드리겠습니다."

흥부는 약간 아쉬운 마음이 있었지만 그래도 10만 달란이라는 큰 수확에 만족했다.

"저는 이 자리에서 있는 것만으로도 큰 영광이라고 생각합니다!"

여전히 다시마 아저씨 말투를 버리지 못한 홍부씨가 소감을 애기했다. 그리고 늘부의 차례가 왔다. 늘부는 일단재 씨의 지시대로 가져온 미역을 저울 위에 올렸다.

'홍부네 다시마만 이기면 돼!'

늘부는 그 마음으로 간절히 빌었다. 저울이 세차게 흔들리더니 잠시 후 아까와 같은 10kg을 가리켰다. 늘부는 약간 아쉬운 표정이었다.

'그래도 똑같은 돈 받으면 됐지 뭐.'

늘부는 그렇게 생각하면서 그래도 그동안의 수확인 10만 달란을 받을 생각에 마음이 들떴다.

'딸아이 줄 인형도 사가고, 오랜만에 고깃국도 먹고….'

하지만 그런 늘부의 생각을 무시하기라도 하듯, 이번 늘부의 예상도 정확히 빗나갔다. 계산기를 열심히 두드리던 일단재 씨가 예상 밖의 금액을 부른 것이다.

"미역 10kg이면, 어디보자… 8만 달란 드리겠습니다."

10만 달란을 예상했던 늘부는 8만 달란이라는 소리를 듣자 갑자기 화가 머리끝까지 치밀어 올랐다. 홍부네 다시마와 놀부네 미역이 똑같은 무게인데 돈의 액수가 다르니 화가 날 수밖에 없었다.

"이것 봐요! 이건 말이 안 되지!"

볼펜 끝에 침을 묻혀가며 기록부를 채우고 있는 일단재 씨를 향해 늘부가 강하게 반발했다. 일단재 씨는 큰소리에 놀라 그만 볼펜에 침을 묻히려다 볼펜으로 혀를 콕 찔러버렸다.

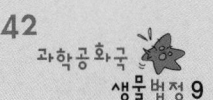